我是爱迪生。

托马斯·爱迪生。

听说我因为发明了可以照亮黑暗的"灯泡"和用来听音乐的"留声机"，而被人称为"发明王"。

但是，也有一些不懂事的人叫我……

的确，在成功做出一项新发明之前，我无数次地做出了失败的作品。

但那并不是"失败"！

每经历一次失败，我便可以发现一种"行不通的方法"！

也就是说，如果经历了1000次失败，那不过是我**"发现了1000种行不通的方法"**而已！

什么？你说那就是失败？

啊，是这样没错！

但是，没有1000次失败，就不会取得后面的一次成功！

所以，你明白我想说什么了吗？

好幸运——

好幸运！1%

其他
4%

蒙混过关
10%

哭泣
15%

羞愧
20%

失落 50%

问卷调查

"如果失败了，你会……?"

失败了也无所谓。不，不如说我们应该去经历失败！

在这世界上，也有很多因遭遇失败而闷闷不乐的人，那是因为他们并没有习惯失败。

我想说，大家多经历几次失败吧！

多多地，不断地去经历失败吧！

通往成功的路是哪条?

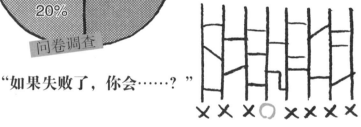

✕ ✕ ✕ ○ ✕ ✕ ✕ ✕

嗯……

然后，要开始思考。

思考为什么会失败。

这样，通向成功的道路就会在眼前慢慢地变得清晰。

人生也有完全不可以失败的时候。

比如，性命攸关的情况，等等。

为了在这种关键的时候不失败，平时多多经历失败，渐渐习惯失败也是非常重要的。

所以，从现在开始，我要为大家介绍一些像我这样"在世界上为人熟知的厉害的人"，也就是大家常说的"伟人"，讲一讲他们都经历过怎样的失败，以及他们是如何从逆境中崛起的。

希望大家通过阅读这些故事，可以了解失败对于人生来说是多么有意义的存在，并从中获得超越失败的勇气。

失败最棒！
失败万岁！

希望大家在读了这本书后，能更好地看待和应对人生中的失败和挫折。

——是"发明王"也是"失败王"的托马斯·爱迪生

目录

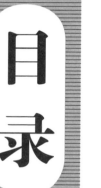

【日】大野正人/著

赵 天/译

勇气之书

天地出版社 | TIANDI PRESS

1

太过在意成功

【人物】莱特兄弟

【出生地】美国

哥哥 威尔伯·莱特（1867－1912年）
弟弟 奥维尔·莱特（1871－1948年）

【他们是做什么的？】首次成功驾驶飞机飞行

距人类诞生，已经过去了多久呢？十万年？百万年？

我们不知道具体的数字。但我们知道，在这漫长的岁月里，有着这个梦想的人数，一定比夜空中星星的数量还要多。

这个梦想就是：像鸟儿一样自由地在空中飞翔！

为实现这个梦想，人类花费了数十万年的时间。

终于，1903年12月17日，在美国北卡罗来纳州的基蒂霍克……

飞起来了！
飞起来了！
哥哥！

唉

哥哥威尔伯·莱特和弟弟奥维尔·莱特，也就是著名的"莱特兄弟"，他们制造的世界第一架飞机——飞行者一号，在这一天首次成功飞行 12 秒。随后，他们又成功进行了 4 次试飞，最长的一次飞行了 59 秒。

虽然每一次的飞行时间都不到 1 分钟，但这是人类开始得以自由地在空中翱翔的第一步。

在这场历史性的首次飞行过去 9 年后，哥哥威尔伯去世了，弟弟奥维尔也上了年纪。

这时的他这样想道：唉——那时真不该那样啊！

咦？这究竟是怎么一回事呢？

莱特兄弟为自己的飞机技术申请了"专利"。

专利是什么呢？简单地说，就是"不可以模仿的东西"。因此，如果不付钱，就不可以使用莱特兄弟的技术。

但是，飞机对人类来说是梦想般的交通工具。很多人都在为造出速度更快、飞行距离更远的飞机而努力地研究着。

当然，也出现了很多参考莱特兄弟的技术而制造的飞机。一旦发现这种情况，莱特兄弟就会立刻去警告对方："这跟我们的专利技术太像了。"而对方当然也会主张："不，这是我自己的发明。"

就这样，双方争执不下，最后不得不告到法庭。

莱特兄弟在这样的诉讼中浪费了非常多的时间，甚至没有时间去做飞机的改良工作。

与此同时，其他飞机研究者的技术不断提升，莱特兄弟的技术渐渐开始落后于时代。甚至在飞行比赛中，他们的飞机也无法取得优秀的成绩。

在这期间，哥哥威尔伯去世了，年仅45岁。

3年后，弟弟奥维尔放弃制作飞机，莱特兄弟完全退出了飞机的世界。

而后，第二次世界大战爆发了。看到在战争中，飞机成了夺取人类生命的武器，弟弟奥维尔审视自己的人生，发出了遗憾的叹息。

也许 你会认为，莱特兄弟之所以失败，是因为不断提起诉讼而浪费了太多的时间。

但其实，莱特兄弟真正的失败，是"没有好好利用成功"。

的确，莱特兄弟为初次飞行的成功研究了很多很多年，历尽艰辛，两人的对话几乎全都与飞机有关。可以说，他们俩是用自己的人生换来了飞机的成功发明。正因如此，在看到与自己的发明相似的飞机时，他们才会觉得无法接受。

然而，太过在意某次成功，甚至拘泥于此，停滞不前，那就得不偿失了。

成功并不是用来被保护的东西。我们应该充分地利用这一次的成功，去实现下一次的成功。

　　比如，有两种人都非常努力地学习了跑步的方法，并进行了充分的练习，终于在运动会上取得了第一名。一种人会仅仅向大家炫耀，说："我很厉害吧！"另一种人则会告诉大家自己跑得快的窍门。那么，你认为哪一种人更成功呢？

　　答案当然是告诉大家窍门的人。

　　如果大家都学会了跑得快的方法，那么在下一次班级接力赛中，整个班级就很可能会取得优秀的成绩。

　　像这样，让第一次成功成为通往第二次成功的桥梁，学会分享是非常重要的。就像把种子埋入土中，会长出新芽，开出美丽的花朵，结出丰硕的果实一样，成功也会变得更大，然后回到大家的身边。

2

逃跑

【人物】二宫尊德（1787～1856 年）

【出生地】日本 【他是做什么的？】农政家、思想家

二宫尊德，又名二宫金次郎。也就是上面这尊雕像中的人物。

金次郎的雕像现在可能不太常见了，但在以前，日本的很多小学里都放置着这样的雕像，非常有名。然而，了解这位二宫金次郎做过什么的人并不多。

金次郎出生在一个农民家庭，14 岁时父亲去世了，家境变得非常贫穷。金次郎不得不开始工作赚钱。

但金次郎并没有放弃学习。在去山里捡拾做饭用的柴火时，他总会在路上读书学习。上面的雕像刻画的就是这样的场景。

他仿佛就是人们理想中的"模范优等生"。

还有这样的轶事：在金次郎12岁时，他所住的村子为防止洪水泛滥开始建筑堤坝，要求每家出一个人，因为爸爸身体不好，金次郎便替爸爸去了。

但金次郎毕竟还是个孩子，没办法承担与其他大人一样繁重的体力活儿，这令他感到非常内疚。回家后，他熬夜做了很多双草鞋，第二天拿去分给村民，这样大家的脚就不会受伤了。

金次郎没有因"做不到"而放弃，而是选择了"用自己能做到的事来弥补"。他就是这样有想法的小孩。

金次郎还自己攒钱买了200棵小树苗，种在堤坝上。他说："树木长大后，树根会深入土壤，加固堤坝。"

不知道是问了别人知道的，还是从书中学到的，总之，金次郎有"把学到的知识实际应用"的能力。真是个厉害到令人嫉妒的小孩呀！你觉得这样的孩子长大后，会变成什么样的人呢？

25 岁的金次郎，在一个当时被称为"武士"的有权势的家庭担任家教。

但在日本江户时代末期，并不是所有武士都很有钱。无论是武士，还是被武士雇佣的人，很多都非常贫穷。

有一天，一个同样被这位武士雇佣的、负责做饭的女佣向金次郎借钱。虽说把钱借给没有钱的人，其归还的可能性很小，但金次郎还是把钱借给了她。

金次郎还想出了一个好主意。他告诉女佣，做饭时换一种摆放柴火的方式，就能把柴火的使用数量从 5 根减到 3 根，剩下的两根自己攒起来，等攒到一定数量，就可以把它们卖掉换钱了。用这个方法，金次郎成功地帮女佣取得了额外收入，还顺利地拿回了自己借出去的钱。

"要怎么活用对方已经具备的力量呢？"对于这个问题，金次郎思考得比任何人都认真。以这件事为契机，他开始帮助更多因缺钱而苦恼的人。

（10）

后来，这个故事传开了，金次郎被委托了一项重要工作，那就是"复兴农村"。

当时，因常常遭遇台风等天灾，农村几乎没有什么收成，村民的生活非常艰苦。为拯救这样的农村，金次郎决定从改变人们的内心开始做起。因颗粒无收，村民已经失去了信心。为鼓舞士气，金次郎不仅教给村民少缴税金的方法，还教导村民如何在工作中发挥自己的特长，甚至提供奖金来鼓励取得成果的人。

如果不是既有广泛的"知识"，又有灵活的"智慧"和一颗"正直的心"的超级优等生金次郎，一定是无法胜任这项工作的吧？

金次郎一直为复兴穷困的农村而四处奔波，直到69岁去世。不过，这期间也有失败的小插曲啦……

【代表作】

"勤俭让（勤劳·节俭·谦让）""严守本分""一元观"等思想。有着"日本被竖立成铜像最多的人（推测）"的荣誉。

就算听那个家伙的话，也改变不了什么呀！

【传说】

他可以通过品尝茄子的味道来预测当年的农作物是否有收成。

【婚姻】

35岁时与16岁的女性结婚。

哎呀——

可恶！

我也很努力啊！

【职业】

金次郎的职业在现在被称为"财务规划师"。

(12)

那是金次郎刚接手复兴农村这项工作时发生的事情。

首先，他在村子里建起会场，通过与大家谈话来判断让谁担任领导，把钱投资给谁等。并通过这样的做法，传递给大家重建村子的决心。

然后，金次郎亲自去拜访治理那个村子的武士，请求他在村子的经济有所恢复前，少收一点税金。因为需要缴纳的税金减少了，所以村民们变得干劲十足。

就这样，复兴活动开始了，起初进展得非常顺利。

但是，在讨厌金次郎的武士的教唆下，村民中出现了反对金次郎的人。

"本来他也只是个村民，居然在这里装模作样！还说什么要减少税金？那受益的不就只是农民了吗？二宫是想让整个国家都变穷吧？"

金次郎原本认为，即使减少个人缴纳的税金，但如果农作物收成变好的话，从结果上来看，国家收到的税金还是会增加的。

但那些会因身份和地位而歧视他人的人，本就不是什么聪明人，因此完全无法理解金次郎的计算方法。

有些人相信了说金次郎坏话的武士，开始不好好工作，甚至与支持金次郎的村民吵了起来，复兴活动的推进因此变得迟缓。

无法推进的复兴活动、反对自己的人和声音，无法忍受这些的金次郎，终于失去自信，从村子里逃走了！

从村子里逃出来的金次郎，先是回了趟老家，然后进行了一次温泉旅行，想要找回内心的平静。

然而，家庭和温泉可以缓解身体的疲劳，却无法治愈内心的伤痛。

于是，金次郎决定开始进行不吃东西的"断食"修行。

在 21 天里，他粒米未进，一直在与自己的内心对话。渐渐地，他的心境转变了。

世界上没有绝对的坏人，相应地，也没有绝对的好人。如果自己认为对方是"坏人"，这种心情是会不经意地传递给对方的。这样的心情传递给对方后，对方自然也会讨厌你。事情就是这样简单。

就这样，金次郎认为武士们是"坏人"、是"敌人"的想法完全消失了。

金次郎回到了村子里。

领悟了内心的强大的金次郎，已经无所畏惧了。

对金次郎来说，他不再有敌人，他像什么也没有发生过一样与曾讨厌自己的人聊天。在与金次郎交流的过程中，曾讨厌他的人也觉得羞愧起来，阻碍金次郎的人变得越来越少。

村子的复兴终于成功了！

农田里长出了很多农作物，国家也获得了更多税金。

在那之后，以这个村子为范本，金次郎又成功复兴了很多穷困的村庄。据说，被金次郎拯救的村子竟有 600 个以上。

逃跑

"逃跑"这件事，常常被认为是非常丢脸的事。但是，它真的是那么糟糕的事情吗？

的确，无论遇到多么困难的事都不逃避，是非常优秀的。但是，如果真的认为"我无论如何也无法做到！"的话，那就顺从自己的内心，逃跑吧！

重要的是，逃跑后做些什么。像金次郎那样，先让自己的内心平静下来，再认真地面对自己的内心吧，然后去思考"为了不再逃跑，我要怎么做"，能够这样的话，逃跑也无所谓。

3 被说「过时」

【人物】可可・香奈儿（1883-1971 年）

【出生地】法国 【她是做什么的？】时尚设计师

改变了时尚界历史的设计师可可・香奈儿，她人生的开端并不是那么光彩夺目。

加布里埃・香奈儿 12 岁时失去了母亲，随后又被父亲无情地遗弃。无处可去的少女一直住在孤儿院，直到 18 岁。

1

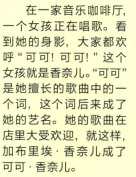

在一家音乐咖啡厅，一个女孩正在唱歌。看到她的身影，大家都欢呼"可可！可可！"这个女孩就是香奈儿。"可可"是她擅长的歌曲中的一个词，这个词后来成了她的艺名。她的歌曲在店里大受欢迎，就这样，加布里埃・香奈儿成了可可・香奈儿。

2

（16）

一开始是帽子。以往女性的帽子通常装饰着很多鸟类的羽毛，非常华丽浮夸。香奈儿拿掉这些羽毛装饰，制作出了简单轻便，又便于活动的帽子。这是她作为设计师迈出的第一步。

3

4

在巴黎拥有了店铺的香奈儿开始为女性制作西装，掀起了女性服装潮流的革命——此前华丽繁复的服装被简洁舒适的设计所取代，女性开始穿便于工作的"战服"。

N°5
CHANEL
PARIS
PARFUM

香奈儿的成就不只限于服装，她在香水界也掀起了一场革命。比如，非常受欢迎的香水"香奈儿 No.5"的迷人香气，征服了世界上众多的女性。

5

就这样，她成了世界著名设计师。但战争夺走了她的一切。在战争中，人们无暇顾及时尚，55 岁的可可·香奈儿关闭了店铺。

6

15 年之后……

哎呀——

【黑】

　　她将此前被称为"葬礼颜色"的黑色，变成了"最酷的颜色""永远的流行色"。

都是以前流行的服装啊！

太过时了！

【技术】

　　在孤儿院学会了服装制作，后来成了裁缝。

呜呜——

【昵称】

　　昵称"可可"，据说源自她唱的歌曲。

【代表作】

　　香奈儿西装、香水"香奈儿 No.5"、挎包等。

战后，人们重新开始将目光转向时尚。但那时，收腰低领，可以衬托女性魅力的设计开始流行。

在战争开始前，香奈儿制作的服装是为了使出入职场的女性可以自由活动而设计的，因此被称为"战服"。

设计简洁、便于行动，正是因为有这些特点，香奈儿设计的服装才显得优雅、高级。

正因为设计了这样的服装，香奈儿才掀起了女性时尚的革命。

然而，战争结束后，那种收腰低领，仅追求凸显女性外表美丽的服装，又再次流行起来。

这时，香奈儿已经 70 岁，但她的斗志再次被点燃了。

"穿着有束缚感的衣服是无法自由工作的，我要做出让女性可以舒适地闪耀个人魅力的衣服！"

香奈儿又回到了时尚设计界，她用一年的时间做了充分准备，开办了一场服装秀。

然而，这场服装秀非常失败！

来看秀的时尚专家，是这样评价这次服装秀的："令人扼腕的回忆录。"意思就是，"曾经拥有辉煌历史的设计师所举办的过时的服装秀"。

明明是香奈儿为了使当时的女性更具魅力而重新设计的服装……

"难道我的时代已经结束了吗？"

香奈儿究竟能不能跨越这次失败呢？

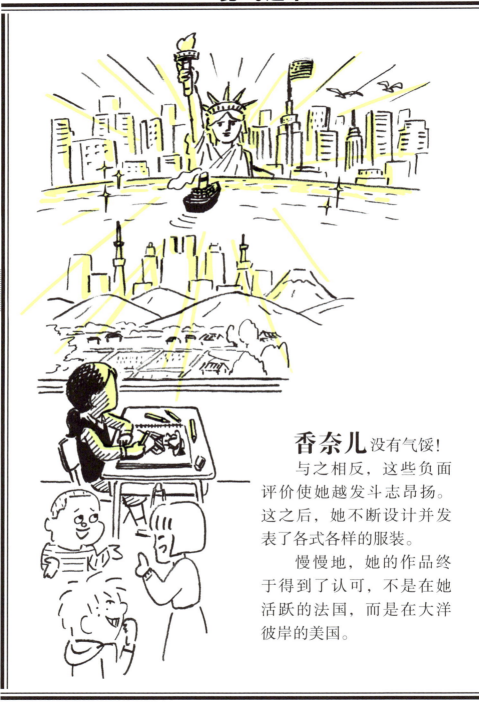

香奈儿没有气馁！

与之相反，这些负面评价使她越发斗志昂扬。这之后，她不断设计并发表了各式各样的服装。

慢慢地，她的作品终于得到了认可，不是在她活跃的法国，而是在大洋彼岸的美国。

当时，美国的女性在世界范围内率先掀起了自由工作的潮流。香奈儿的服装受到了美国新女性的欢迎。

因为在美国取得了优秀的成绩，评价香奈儿的设计为"令人扼腕的回忆录"的法国时尚界，也开始认可她的设计。

在那之后，香奈儿不断发表大受女性欢迎的服装设计，很快便享誉世界。

那么，香奈儿的设计究竟有什么厉害之处呢？

想知道这一点的话，可以长大后去香奈儿专卖店试穿一次。这样你便会明白在香奈儿眼中美的含义，以及她所希望传递的女性应该以何种姿态生活的理念。

自己拼了命制作出来的东西、自己的想法，被他人嘲笑、否定，发生在香奈儿身上的这样的经历，也许也会发生在我们每个人身上。

但是，即使真的发生，也许也是和香奈儿一样，只是"仅仅在这里没有被认可"罢了。

比如，自己认为"画得超级好"的一幅画，就算被同学笑了，也不要气馁，可以尝试投稿去参加地区的比赛，这样，你选择的作为自己对手的世界就会越来越宽广。

在日常生活中，我们常常会误以为自己身边的环境就算世界。但实际上，世界是广袤无限的。

在这世界上的某个地方，一定会有认可自己的人。在找到那个地方之前，不要放弃，努力扩大"自己的世界"吧！

4

因才华而命悬一线

【人物】达利（1904-1989 年）
【出生地】西班牙　【他是做什么的？】画家

我是达利，全名叫萨尔瓦多·达利。

"萨尔瓦多"是"拯救"的意思。我一定是为了拯救什么而来到这个世界的吧？但是我还没有搞清楚到底要拯救什么，就已经死掉了。还不到 2 岁的我，因为患了肺炎而死掉了。

我是达利，全名叫萨尔瓦多·达利。

我是第二个萨尔瓦多·达利。

我的父母因为失去我的哥哥而万分悲伤，所以给我起了跟哥哥一样的名字。

我的父母非常爱我，但那份爱并不是给我的，而是给我死去的哥哥的。所以，我只好自己爱自己了。不过，这也让我开始被大家称为"怪人"。

但那又怎样呢！你们来看看，这就是从我这个怪人的脑子里所诞生的画！

大多数看过我的画的人都说"看不懂"。那是理所当然的吧。

因为就连我自己也不懂呀。

但是，虽然很难懂，却也不是完全无法理解。我的画的魅力被很多人所肯定，我成了20世纪最棒的画家。

然而，这也真让人吃不消啊！最棒的画家，必须自身就是"艺术品"。瞧我这用糖浆向上固定的胡子，怎么样？很棒吧！

就像这样，我并不仅仅是用作品，也用我自己来呈现艺术本身。这一生中，我都彻彻底底地作为一个艺术家生活着。

失败？艺术家是没有失败的！真正的艺术家是可以把自己的失败变成艺术的！

啊，不过那个时候，好像也稍稍失败了一下吧……

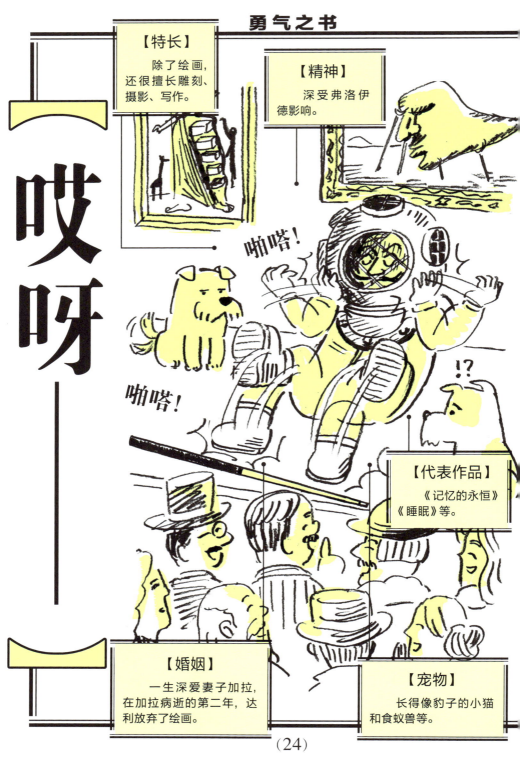

画了奇怪的画，被认为是怪人的达利，的确做过很多怪事。

他曾在头顶放上法式面包，对大家说"这是新式飞机头"；也曾开着塞满花菜的车去大学校园……

做了这样一系列的怪事后，达利迎来了一次失败。

1936 年，伦敦举办了"超现实主义展"，达利被邀请在展会上讲话。

以达利的性格，什么都不做的话，他就觉得太无趣了。于是，他穿着潜水服，带着两只狗，手拿着台球杆登场了。

潜水服有"潜入内心深处"的含义，但狗和台球杆没有任何深意。

但是，达利不在意这些细节。他开始讲话，可是潜水服的头盔很厚，人们根本听不到他的声音。

不一会儿，达利的样子开始变得有些奇怪，他开始疯狂地挥手，看起来很兴奋的样子，把大家都逗笑了。

但是，有一个人注意到达利的样子不太对劲，看起来达利非常痛苦，因为在密闭的潜水服中，他已经开始无法呼吸了。

5 分钟之后，达利才被解救出来。5 分钟，是人类失去氧气后能存活的极限时间。

也就是说，达利差点死于自己想出来的恶作剧。

做 了这样性命攸关的怪事的达利，其实平时是一个非常胆小且认真的人。但是，为什么一旦到了众人面前，他就会做一些奇怪的事情呢?

达利是这样说的："如果全身心地去演一个天才，你就会成为天才。"

也就是说，他是为了不破坏自己天才的人设，而故意去做一些奇怪的事情的。

我们每个人可能都会有"想试着做点怪事"的心理。

当然，伤害他人的事情是绝对不可以做的。但像达利这样因做了太过奇怪的事情而给他人带来麻烦，也是不对的。

有时候，做怪事只是单纯地想让他人开心。如果害怕做得过头而被讨厌，或是担心不被理解的话，可以这样想:"也许我是个天才呢!"

若想要挖掘出潜藏在自己内心的才能，就要战胜不安的情绪，勇敢去尝试自己想做的事情。因为在让他人认同自己之前，相信自己的才能的只有你自己。

学习达利，告诉自己"我也许是个天才"，这样就不用再去纠结其他的事情了，可以自由地、随心所欲地去做自己想做的事情。

其实，"天才"这个词，也许就是能令自己变得自由的"魔法词"。

去尝试想做的事情吧，在获得满足感的同时，也会产生"我可以做到更多"的心情，这就是才能萌芽的信号。

然后坚持不懈地去做，你也会成为"天才"的！就像达利所说的"如果全身心地去演一个天才，你就会成为天才"。

不过，一定要注意生命安全啊！

误入歧途

【人物】贝比·鲁斯（1895~1948 年）

【出生地】美国 【他是做什么的？】职业棒球运动员

1948年 6 月 13 日，在美国纽约的棒球场——洋基体育场，举行了体育场建成 25 周年庆祝活动。

有一位男士登场了，他就是 53 岁的贝比·鲁斯。因为癌症的折磨，他几乎无法站立。贝比·鲁斯用棒球棍代替拐杖支撑着自己，听着数万粉丝对自己说："一直以来感谢你。"

这一天是贝比·鲁斯最后一次站在球场上。两个多月后的 8 月 16 日，被称作"棒球之神"的贝比·鲁斯离开了这个世界。

贝比·鲁斯是一位英雄。他在 40 岁时结束了长达 21 年的职业棒球生涯。在这 21 年中，他创造了本垒打 714 个的纪录。在美国棒球大联盟的历史中，没有任何一个人的纪录可以与他匹敌。而且，这一纪录保持了 39 年。

他所击出的球会划出大大的曲线，从球场飞向看台，然后回到球场中。他有些可爱的、微胖但充满能量的身体击打出的本垒打，成了棒球的一大新魅力，令美国人为之疯狂。

贝比·鲁斯的本名是乔治·赫曼·鲁斯，而"贝比"是"婴儿"的意思。为什么他会被称为"贝比·鲁斯"呢？这是因为刚成为棒球运动员的鲁斯，常常会做出孩子气的举动。第一次乘坐升降电梯时因太过兴奋而被门夹住，完全不了解社会规则……因此，他被大家称为"婴儿鲁斯"。

为什么贝比·鲁斯会缺乏常识，做出种种孩子气的举动呢？这与他孩提时代的失败有很大关系。

哎呀——

【态度】

对新闻记者态度非常差，但对孩子非常温柔。参加过很多帮助不幸儿童的活动。

【代表作】

据说，他在去探望住院的小朋友粉丝时，曾向其承诺："明天，我会为你打出本垒打。"而且真的做到了。此外，他还创造了非常多的美国棒球大联盟历史纪录。

【成绩】

入队时原本是接球手，21岁时成为精英队员。在1918年，也就是成为职业棒球运动员的第五年，他作为击球手获得了"本垒王"的称号，作为接球手创下了"连续29次无失分"的伟大纪录。

【体格】

也有段时间因太胖而没有取得理想的成绩。

其实，鲁斯小时候曾是一名不良少年。

他的母亲体弱多病，父亲忙于店里的工作，两人都无法好好照顾孩子。

在这样的环境中长大的鲁斯，也许是因为太孤独了吧，结果误入歧途。

年仅 7 岁的鲁斯开始抽烟喝酒，还向大卡车扔鸡蛋，甚至会嘲讽警察……当然，他也没有怎么好好上学，还常常打架、偷盗。

这就是后来被称为"棒球之神"的贝比·鲁斯的少年时代。

请回忆一下，在大家 7 岁的时候，周围有既抽烟又喝酒，甚至对警察说脏话的小孩吗？肯定没有吧？这样想一下的话，就会明白鲁斯当时是多么糟糕的一个不良少年了。

父母无法教育这样的鲁斯，便把他送去了圣玛丽学校。

这所学校是专门为教育不良少年而设立的"管教机构"。在这里，孩子们可以学习如何正常地生活，也可以学到一些工作所需的技能。

从 7 岁到 19 岁，鲁斯在这里度过了 12 年的时光。在这期间，他很少看电视、读报纸，因此完全不了解社会上发生的事情，成了不谙世事之人。

这就是他后来常常做出孩子气的举动的原因。

成为不良少年可以说是一个大失败，鲁斯甚至因此被送进管教机构。

不过，在这里他遇到了一个人，就是神父马夏司·巴特拉。这位在管教机构教授孩子们知识的神父，是一名身高193厘米，体重110公斤的高大男子。

马夏司神父给了鲁斯很多东西，首先是学习能力，其次是爱他人的能力。

在这之前一直讨厌大人的鲁斯，因马夏司神父的厚爱而渐渐打开了心扉。后来，他把马夏司神父当作自己的父亲一样爱戴。

马夏司神父给鲁斯的东西还有一个，那就是棒球。

他在休息时间教会了鲁斯打棒球。也许是看出了鲁斯的天分，马夏司神父十分热忱地教导他。而为了回应神父的期待，鲁斯的棒球打得越来越好。

在鲁斯19岁的时候，一位美国棒球大联盟的选手偶然看到了鲁斯打比赛的样子，他立马联络了球队的教练："我发现了一个了不得的选手！"

就这样，传说中的本垒打之王——贝比·鲁斯诞生了。

如果没有遇到马夏司神父，鲁斯会变成什么样子呢？可能不会接触到棒球，甚至还会逃出管教机构，继续做不良少年吧？

有时，与他人的邂逅会改变自己的人生。如果是好的邂逅，就会使人迅速成长。那么，怎样才能有好的邂逅呢？

方法就是，与各种各样的人保持友好的关系。人们总是会在不知不觉中只与和自己有共同爱好或者性格相似的人交往。但是，与自己不同的人，常常会了解自己不知道的有趣的事情或厉害的事情。与这样的人交往，可以打开自己的世界。另外，结识的人越多，遇到好的邂逅的可能性就越大。

无论是谁，在青春期时都会想要反抗周围的大人，有的人甚至会像少年时期的鲁斯一样误入歧途。

这样一来，就可能会渐渐地只与同样在犯错的伙伴交往了。但请不要忘记，应该与各种各样的人交往。就像鲁斯遇到了马夏司神父那样，也许你也会遇到将自己的世界变得更加宽广的人。

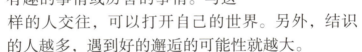

直面日常小失败

【改正小失败的方法】

这本书介绍了很多伟人的大失败。

但大家平时遇到的，都是一些很小的失败吧？比如上学迟到、忘带课本等。每个人都是一样，在这样不断失败着度过每一天。可以说，人生充满了失败！所以就算失败了，也没有必要太过纠结。

然而，如果一次次重复同样的失败，可能会开始否定自己吧……

为了避免这种情况，我们也来了解一些改正日常生活中的小失败的方法吧。

No. 1 失败 迟到

迟到了——

快点儿——

【改正方法】

作息规律的人，很少会迟到。常常迟到的人可以尝试每天按时睡觉和起床，先从遵守作息时间做起。

丢三落四

【改正方法】

常常丢三落四的话，就在手上写下要记住的事情吧。写下来的话就不容易忘掉了。会不好意思吗？那么就赶紧擦掉它吧。就算擦掉了，看到笔留下的痕迹也会想起来的，放心吧！

摔 倒

啊哈哈哈哈哈——

咣当！

【改正方法】

肌肉还不够发达的孩子常常会摔倒。如果讨厌摔倒的话，可以尝试做些运动，或是每天到外面玩一玩，让身体变得更加强健。仅仅这样做，就可以使肌肉变得更加结实，也就没有那么容易摔跤了。

失败

打翻东西

哦——

吧啦吧啦

【改正方法】

　　打翻杯子、掉落食物等，通常是因为没有集中注意力。喝水吃饭的时候也要注意去看周围的东西，习惯成自然后，就会很少打翻东西了。

失败

弄坏东西

啊……

【改正方法】

　　世界上到处都是容易被弄坏的东西，玻璃、盘子、机器、人心……如果想不弄坏它们，首先要珍视它们，发现它们的魅力，然后用心去爱护它们。

说谎

想让别人开心而把事情夸张的谎话，不想伤害他人而隐藏自己内心想法的谎话，这样的谎话是无伤大雅的。

【改正方法②】

如果是想让别人觉得自己很厉害而说谎，想欺骗别人而说谎，隐瞒失败而说谎的话，那就是不好的谎话了。改正的方法只有一个，就是去经历一次谎言被揭穿，被人讨厌的"失败"。

【改正方法③】

然而，那些不好的谎话也会反映出自己的理想。如果你留意到了，那就去为之奋斗，为让这个谎言某天可以成为"像谎言一样的事实"而努力吧。

6

闭门不出

【人物】夏目漱石（1867－1916年）

【出生地】日本

【他是做什么的？】作家、英文学者

夏目漱石是日本的代表作家，至今在全世界范围内仍有大量读者。下面就请他自己来为大家做自我介绍吧。

虽然我是日本的代表作家，但也失败过。而且是一次令人非常羞愧的失败，让人难以启齿。这次失败发生在我从英语老师转型为作家期间。

⑤我失败过。

我还写过一本小说，名字叫《心》，描写的是一名老师内心的故事。这本小说被认为写入了人的内心深处，现在依然有很多人在阅读。

④我是老师，还没有名字。

① 我是夏目金之助，名字已经报过了。

我曾是个优秀的学生，但并不是只会学习的书呆子。我有很多朋友，我们经常一起出游。我的学生时代就是这样度过的。

② 我是夏目漱石，名字是朋友正冈子规起的。

毕业后，我来到爱媛县松山市的中学做英语老师。据说，我曾告诉学生："'I love you'翻译成'今晚的月色真美啊'更符合日本人的情感。"

③ 我是猫，还没有名字。

这句话是我第一本小说的开头。小说的名字是《我是猫》。这本小说描写了从猫的眼中看到的奇怪的人类世界，受到了很多读者的喜欢。我也因此成为人气作家。

夏目漱石 原本是英语老师。

有一天，他接到了国家的邀请："可否请你去英国伦敦，进一步学习英语知识？"

当时与现在不同，并不是每个人都能轻易出国。漱石苦恼了一段时间，最终还是接受了这个邀请。

在船上度过了很长一段时间后，漱石终于抵达了伦敦。但是，等待他的却是严峻的现实。

伦敦的空气污染很严重，漱石的喉咙变得很不舒服。而且，街上的行人都是身材高大、五官深邃的英国人，他觉得自己又矮又小，非常自卑。

此外，国家给的钱并不多，靠这些钱，勉强度日都难。穷苦的生活，让漱石觉得自己十分悲惨。

更糟糕的是，他作为英语老师，讲的英语英国人竟然完全听不懂！

在陌生的城市，身边全是无法交流的人……原本内心就很容易受伤的漱石，变得更加郁闷了。渐渐地，他变得不爱出门，最终一步也不肯踏出房门了。

没错，漱石在伦敦沦为了现在我们常说的"宅男""家里蹲"。

日本的公职人员知道了漱石的情况："夏目漱石的状况不太好，得让他快点回国。"就这样，他们决定把漱石送回日本。

为研究英语，获得了国家的金钱支持，千里迢迢来到英国，结果什么都没有做就回国了，这对夏目漱石来说，简直是一次超级大失败。

在那之后，朋友劝漱石写小说来缓解心中的苦闷。于是，作品《我是猫》诞生了。而后，漱石又陆续发表了很多作品，一跃成为人气作家。

可以说，正因为有了在伦敦的失败，才有了作家夏目漱石的诞生，才会有那些名作的诞生。

漱石原本就是爱思考的人。就算因想法太多而备感苦恼，他也依然在认真地思考世界、思考人心。

但是，如果光是思考的话，谁都能做到。无论思考多么难的事情，只是停滞在思考这一环节的话，是完全没有意义的。把自己的思想变成有形之物表现出来，这才是最重要的。

大家也是一样，将来也可能会遇到一些让自己陷入深思、烦恼不已的事情，甚至会因此感到身心俱疲。

这种烦恼的情绪变得越来越严重的话，你可能会向身边的人发泄，也有可能会因此认为自己很无能，变得消沉。

所以，如果你觉得自己的这种情绪变得很严重了的话，可以尝试做一些新的事情，把这种烦恼的情绪发散出去。

自己究竟适合做什么？这个问题，不去尝试的话很难知道答案。一旦你找到了适合自己做的事情，这种烦恼的情绪就会立马变成有形之物释放出来。

夏目漱石用创作小说的方式，把自己的思想变成有形之物表达了出来。大家也像他一样，去寻找可以把自己的思想和情绪变成有形之物的方法吧！

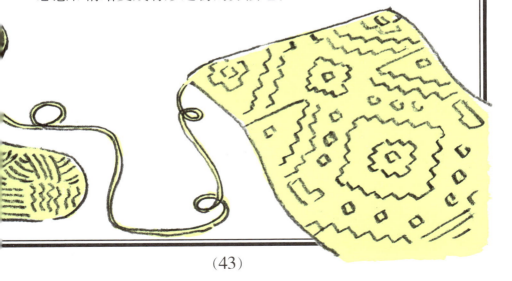

7

不听他人意见

【人物】弗洛伊德（1856~1939年）

【出生地】奥地利

【他是做什么的？】心理学家

如果撞到什么东西，或是被人打了一下，一定会觉得痛吧。为什么呢？因为我们的体内有反射神经，可以把身体受到的刺激传递给大脑。

但是，也有人在身体没有受到任何刺激，神经也没有任何异常的情况下，仍然感到疼痛。在距今100多年前，这类人被称为癔症患者，让很多医生都束手无策。

在这个时候，有位医生找到了治疗癔症患者的方法——让患者本人讲出"已经忘记了的"或是"想要忘记的"事情。用这个方法，他治愈了很多癔症患者。

发现这个方法的医生就是弗洛伊德。他是这样推测患者的病因的。

他们遭遇了一些心理创伤，也许是这些创伤反映到了身体上，变成了身体的疼痛。把这些心理创伤说出来，是不是可以缓解症状呢？

在那之后，弗洛伊德认为"人的内心有很多未解之谜"，并开始了对心理的研究。

人们通常认为，自己是最了解自己内心的人，但其实人们了解的只是自己内心的一小部分。自己也不了解的那部分，弗洛伊德将其命名为"无意识"。他认为，正是这无意识的部分，决定了我们的情绪和行动。

这样的研究在现在被称为"心理学"。没错，弗洛伊德的研究后来成为一门学科，就像语文、数学等学科一样，被世人所认可。然而，像弗洛伊德这样的心理专家，也难逃失败的命运。

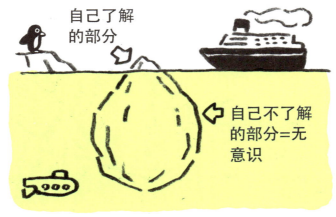

自己了解的部分

自己不了解的部分＝无意识

弗洛伊德 将自己的一生都奉献给了心理学研究。

但这种研究在之前并没有人做过，因此很难被周围的人所认可。

即便这样，弗洛伊德也没有放弃，依然坚持研究。渐渐地，和他一起研究的人多了起来。有很多人来到弗洛伊德这里，和他探讨关于心理的话题。

但弗洛伊德却在此时遭遇了失败。

当时，心理学研究刚起步，还有很多问题都不清楚。关于这些问题，和他一起研究的同伴们有各种不同的观点。

比如，在心理学上，人们"想要""想做"的事情被叫作欲望。弗洛伊德认为，"欲望造就人心，因此如果了解了欲望，就能了解人心"。但在他的同伴中，也有人认为"肯定也有从欲望之外产生的情感"。

弗洛伊德并不认同这些与自己不同的观点。他强硬地要求同伴们必须认同自己的观点。

"你的想法是不对的！按照我的观点，应该是这样的……"

这样的事情发生了很多次后，大多数因仰慕弗洛伊德而来的人，一个个离开了。

没错，弗洛伊德虽然是心理专家，却无法控制自己的顽固态度，因此失去了重要的伙伴。

每个人都有"绝对无法让步的事情"。对弗洛伊德来说，无法让步的就是自己根据常年的研究所总结出来的心理学理论吧？否定这些理论，就相当于否定他整个人，这是非常痛苦的事情。所以，他无论如何也无法认同那些不同的观点。

结果就是，与弗洛伊德观点不同的人渐渐离开了他。这其中就包括荣格和阿德勒，他们后来都成为世界著名的心理学家。

像这样与他人争执后分道扬镳，的确是一件很令人遗憾的事情。但是，荣格也好，阿德勒也好，在离开弗洛伊德后，都依靠自己的力量继续研究，从而拓展了心理学的领域，使之成为一门有着众多学习者的学科。

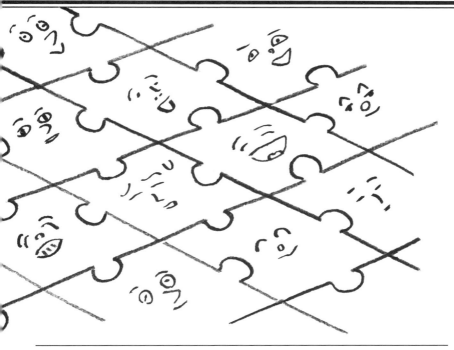

这样想来，弗洛伊德坚持自己的观点、绝不让步的做法，与其说是失败，不如说是成功。

原本人与人的关系就是不断的相遇和别离，是不断变化的东西。

大家将来可能也会遇到与朋友或同伴意见不合，甚至因此分道扬镳的情况。因意见不合而分开，是一件非常令人难过的事情。但是，有时候对自己观点的坚持是有必要的。如果是自己绞尽脑汁思考出来的结论，而且你认为这一结论无比重要的话，那么在你放弃自己坚持的观点之前，都无需勉强自己维持与朋友或同伴的关系。

8

过于正直

【人物】与谢野晶子（1878~1942年）

【出生地】日本 【她是做什么的？】和歌诗人、作家

与现在不同，在距今约100年前的日本明治时代，男性外出工作，女性留守家中是理所当然的事情。甚至女性公开讲出自己的心思，在当时也是不被允许的。

但是，与谢野晶子讲了。

她将自己的心情和想法，用热情而优美的语言吟咏出来，展示给他人，就比如右边的这首和歌。

这是与谢野晶子的第一本和歌集《乱发》中收录的一首和歌。原文有些难懂，如果用现在的语言来表述的话，是这样的：

发五尺
漂水中
柔软纤细
少女心
不言表

洗发时轻轻散开的美丽发丝，

就好像柔软纤细的少女之心。

整首和歌的含义是：我把头发打理得这样美丽，正是因为你。但我从未想过，向你说出我的感情。

像这样用简短的语言描绘内心深处的想法的人，被称为"和歌诗人"。与谢野晶子是活跃在日本明治时代和昭和时代的一位女性和歌诗人。

她在《乱发》中，将恋爱中的女性的纤细情感，用优美的语言描绘出来，很快成为人气作家。之后，她陆续发表了很多作品。她还将日本流传了千年的小说《源氏物语》译成了当时所用的语言，并参与了日本第一所男女同校的学校的筹建工作，可谓度过了精彩的一生。

但当时的日本是不允许女性公开讲出自己的心思的，因此她也经历了失败。

啊，弟弟，我为你哭泣
请你不要死去
你是家中幺子
倍受双亲宠爱
双亲何曾教你
手拿利刃去杀人？
双亲养你到二十四
未曾教你杀害他人也会葬送自己？

【子女】
有 12 个孩子。

【老家】
日式点心店

【生活】
　丈夫与谢野铁干也是和歌诗人，两人收入不多，过着非常贫困的生活。

（52）

《乱发》发表 3 年后的 1904 年，晶子因思念参加战争的弟弟而创作了一首和歌，就是左页的这首《你不要死去》。翻译成更加易懂的语言，就是：

"去了战场的弟弟啊，请你不要死去。你是家里最小的孩子，是倍受父母宠爱的弟弟。在养育你的这 24 年中，父母有教你拿起刀去杀害他人吗？父母难道没有教过你，杀害别人也会葬送自己这个道理吗？"

重要的人被战争夺走，无论是谁遭遇这样的事情，都会悲痛万分，觉得难以承受。这首和歌就淋漓尽致地表现出了这种悲伤之情。

该和歌在杂志上刊载后，反响非常大。

"这不是和歌！什么都不是！"

"写出这种和歌的人，不配做日本人！"

"她是罪人，应受惩罚！"

没想到，收到的反馈竟然全都是负面的！

晶子因发表这首和歌而被日本国民声讨，甚至被扣上了罪人的帽子。

事情为什么会变成这样呢？

因为当时的日本刚结束与中国的战争，正在与俄国交战。如果日本获胜，就能让全世界承认日本是"强大的国家"。所以，当时的日本国民都在声援战争，而且认为努力与他国交战是理所当然的事情。

在这样的时代背景下，反对战争，甚至把这种心情写成和歌发表出来的与谢野晶子，自然会遭到很多人的反感。

但是，晶子并没有被这些声讨所击败。

她反驳道："你们都在说，在战争中死去是光荣的，为国捐躯理所当然。还认为这是正当的教育。这样的想法不仅大错特错，而且十分危险。"

的确，关于生死，不经过自己的思考，简单地认可"为战争而死是理所当然的"这一说法，是一件非常可怕的事情。

此外，与谢野晶子还清楚地表明了自己作为和歌诗人的态度："我只会用真诚的语言来传递我真实的想法和真挚的情感。除此之外，我不会其他的和歌创作方式。"

人物

与谢野晶子

把真实的想法和真挚的情感用优美的语言表达出来，这是可以打动人心的。反之，如果是虚伪的想法和情感，那么就算是用再华丽的辞藻来修饰，也没法打动人。

没错，只有正直的心灵才能创作出激荡人心的作品。

然而，激荡人心的作品有时也会使人困惑。什么时候呢？就是读作品的人自欺欺人的时候。

　　晶子的《你不要死去》中的诗句，深深地刺痛了那些相信"战争是正确的"人的心。

　　但是，那些人并不想承认自己的信仰有错，所以才会拼命地否定这些刺痛了自己内心的话语，说这些话语是错误的，是谎言。

　　在那个更多人赞同战争的时代，晶子被很多人否定，被很多人声讨。

　　但是，晶子没有任何过错吧？她只是把自己正直的心灵、真实的想法，用和歌表达出来了而已。

　　实际上，虽然晶子身负骂名，但由于她敢于表达自己的心声，敢于坚持自己作为和歌诗人的立场，反而成功地提升了她在和歌诗人中的地位。

　　由此看来，像这样自己没有做错任何事却招致失败的情况，其实是隐含着机遇的。

　　"那是我的错吗？"如果产生了这样的想法，请首先回顾一下自己的所作所为吧。如果自己的行为是基于正直的想法，内心坦荡，那么失败也许会变成机遇哟！

9

不会求助

【人物】贝多芬（1770-1827 年）
【出生地】神圣罗马帝国（德国）

【他是做什么的？】音乐家

"**当**·当·当·当——！当·当·当·当——！"

相信很多人仅仅是读到上面这行字，脑海中就不自觉地浮现出旋律了吧！这首仅仅通过文字就能让人联想起旋律的乐曲《命运》，就是出自贝多芬之手。

贝多芬首次发表这首乐曲，是在 1808 年，距今已有 200 多年。也就是说，这首曲子跨越了 200 多年的岁月，一直萦绕在人们的心中。

当然，除了《命运》，贝多芬还创作了很多名曲，如《田园交响乐》《月光曲》《第九交响曲》等。

此外，他还大大地改变了音乐史。

在贝多芬成为音乐家之前，音乐是属于贵族的东西。作曲家收到贵族的酬金而作曲，演奏家收到贵族的酬金而演奏。

但是，贝多芬没有接受贵族的邀请，而是选择了自由创作音乐的道路。也是从那时起，音乐才成为像现在这样人人都能享受的东西。

还有一件不能不说的事情，那就是贝多芬在28岁时，耳朵几乎失聪。

如果听不见声音的话，一般来说是没法作曲的。但贝多芬制造了一个东西，让他能用牙齿感受钢琴的振动，以

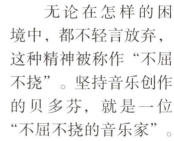

此继续作曲。

无论在怎样的困境中，都不轻言放弃，这种精神被称作"不屈不挠"。坚持音乐创作的贝多芬，就是一位"不屈不挠的音乐家"。

那么，你一定很感兴趣，这样伟大的一个人会遭遇怎样的失败。

【CD】

CD 刚开始发行时，记录音乐的时长最多是 74 分钟。这是由贝多芬的《第九交响曲》的演奏时长决定的。

【着装】

不在乎穿着，总是穿着破破烂烂的衣服。

真是个怪人啊！

那个家伙好像瞧不起整个世界呢！

哎呀——

当

可恶！

【代表作】

《命运》
《田园交响乐》
《第九交响曲》
……

【父亲】

他的父亲是一位歌手。

贝多芬在20多岁的时候，听觉渐渐衰退，但他并没有和任何人提起这件事。

在他留下的信件中，他这样写道：

"请大点儿声说话！请用吼的！因为我的耳朵听不见！但我完全无法把这件事说出口⋯⋯"

贝多芬从7岁起便以演奏家和作曲家的身份活跃于乐坛，一旦让别人知道他的耳朵听不见⋯⋯

"贝多芬已经完了！""真可怜！"一定会有很多人这样说。

贝多芬无法忍受别人这样说他。所以，在听觉越来越差的5年里，他为了隐瞒这件事，尽量不和别人见面。

然而，这就是他的失败所在。

因为，开始有传闻说："贝多芬就是个厌恶世界、瞧不起他人的人。"

了解到这些传闻后，贝多芬更加消沉，他写下了下面这些话：

"我才没有瞧不起他人。我之所以远离大众，是想要让我的耳朵得到休息。但是，没有人理解我。"

贝多芬原本就有些易怒，在一个人的孤独生活中，他只能把愤怒的情绪全部发泄到自己身上。他诅咒自己的命运，甚至想要结束自己的生命。

如果贝多芬把自己耳朵听不见的事情告诉大家，会怎么样呢？

"我的耳朵听不见了，请帮帮我吧。"如果他这样请求大家的话，一定会有很多人向他伸出援助之手。毕竟，当时的他已经很有名了。

没错，贝多芬的失败，就在于他无法向他人求助。

独自一人，心灵受伤时没有可以求助的对象，这种状态常常被称为"孤独"。贝多芬就是一个无法向他人求助的孤独的人，在这样的孤独中，仅仅是活着就令他觉得很辛苦了。

现在我有一个问题想让大家思考一下，那就是，孤独是那么糟糕的事情吗？

的确，如果像贝多芬这样孤独到想要结束自己生命的话，这种状态是很危险的。但是，人生中也有不进入孤独的状态就发现不了的东西。

对贝多芬来说，那个东西就是音乐。

如果身处黑暗的地方，哪怕只有一点光，也会觉得那束光很明亮。如果内心一片晦暗，那么就会很容易发现射进心灵的那一丝光芒。

在孤独和绝望之中，贝多芬发现了那一缕光。

"直到我创作出音乐这一艺术品为止，我是不会离开这个世界的。"

于是，他更加专注地投身于创作中，成功地创作出了多首流传百年的名曲。

　　上学的时候，大家肯定常常被问到，未来的梦想是什么吧？也许有的人已经拥有了属于自己的梦想，但一定也有很多人会说"我没有什么梦想啊"，或者是回答说"我不知道"。

　　这样也没什么不对。其实，真正的梦想，本来就不是那么容易找到的东西。

　　如果想寻找自己能做到的事情和想要去做的事情，想找到属于自己的梦想的话，那么像贝多芬一样，下定决心试着感受孤独，也许是个不错的方法。鼓起勇气远离他人，一个人直面真正的自己吧！像这样找到的梦想，也许会更加容易实现。

失去容身之地

【人物】史蒂夫·乔布斯（1955~2011年）

【出生地】美国　**【他是做什么的？】**苹果公司联合创始人

右边的这些产品，可以说是改变了时代的热门电子产品。这里的每一个产品，都与史蒂夫·乔布斯有关。

当然，它们并不是乔布斯制造出来的。甚至可以这样说，乔布斯只是在旁边对制造出这些产品的人指指点点，说些"你再这样一点儿就好了。"之类的话。

而且，这些产品并不是全新的发明，当时市面上已经有很多类似的产品了。但是，只要乔布斯出手，这些产品就会立马摇身一变，成为在全世界范围内畅销的产品。

提到乔布斯成功的秘诀，那就是匠人精神。

乔布斯非常重视产品的实用性和设计感。在产品成为自己理想中的样子之前，他会一遍遍地推翻重来，甚至常常对制造这些产品的人说非常过分的话。

正是基于这样的匠人精神制造出来的产品，才能风靡世界。

可以说，史蒂夫·乔布斯是匠人精神的代表。但也正是他的匠人精神，让他遭遇了巨大的失败。

失去容身之地

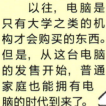

以往，电脑是只有大学之类的机构才会购买的东西。但是，从这台电脑的发售开始，普通家庭也能拥有电脑的时代到来了。

【Apple II 发售】**1977**

1970

1980

从这台电脑开始，电脑屏幕上出现了表示软件用途的图标，让人一看就明白该软件是用来做什么的。自此以后，电脑成了任何人都能操作的简单的东西。

【Macintosh 发售】**1984**

1990

【iMac 发售】**1998**

2000

在这之前几乎没有人在意电脑的外观。本次登场的这台电脑，设计美观，可以作为房间的装饰品，一上市便取得了巨大成功。

【iPod 发售】**2001**

【iPhone 发售】**2007**

2010

2017

这是能把大量音乐转化成数据随身携带，让人可以随时享受音乐的 iPod。因这一产品的成功，音乐以数据形式取代 CD 形式销售的时代正式开始了。

以前的手机有很多按键，操作起来并不是那么方便。后来，仅仅触碰屏幕便可以进行操作的 iPhone 登场了，智能手机的时代随之到来。

让人没想到的是，乔布斯竟然被自己创立的公司赶了出来！

乔布斯创立的苹果公司，由于苹果电脑 Apple Ⅱ 的畅销，规模越来越大。但在推出 Macintosh 的第二年，公司遭遇了重大危机。

最初，Macintosh 非常畅销，所以生产了很多，但很快它的销量一落千丈，公司的营业额严重下滑。

公司的股东们非常慌张。于是，他们把营业额下滑的原因归结到乔布斯身上："营业额下滑都是你的错！你太任性了，而且你口无遮拦，伤了员工们的心，所以请你离开吧！"

的确，乔布斯从没有过与周围人搞好关系的想法。在盈利的时候倒无所谓，但在这样危急的时刻，公司如果不做什么的话就危险了。

在股东们眼中，常常批评别人，重做了很多次的产品却卖不出去，这样的乔布斯对公司来说是没有用处的。

乔布斯虽然是公司中职位最高的人，但也不是所有事情都会按他的意愿来进行。被所有股东要求离开，他便只能离开……

虽然与别人也有过很多次冲突，但从来没有感到过失落的乔布斯，在这个时候是真的感受到了绝望。

但乔布斯并不是会轻言放弃的人。

"是我身边的人太傻了。"乔布斯并不认为自己有问题，而是认为周围的人有问题。

他成立了新的电脑公司，并收购了一家动画制作公司。这家动画制作公司后来在动画领域掀起了革命，乔布斯打了一场漂亮的翻身仗。

然而，赶走了乔布斯的苹果公司，在那之后不仅没有获得盈利，反而是营业额持续下滑，再这样下去，公司就会面临破产。于是，苹果公司最终采取手段，收购了乔布斯的新电脑公司，乔布斯再次成为苹果公司的经营者。

回到苹果公司的乔布斯，把当时的股东都赶走后，再次投入到产品的制作中，开发出了iMac、iPod 和 iPhone。

乔布斯制作的产品再次改变了整个世界。

无论他人如何评价，依然坚持自己的想法，就算失去容身之地，

也没有改变自己的乔布斯，最终取得了巨大成功。但这样的事情，我们普通人是很难做到的。因此，从乔布斯的失败中所能学到的东西，可能会比较少。

但是，有一点是我们可以从他的人生中学到的，那就是不要纠结于过去，为自己创造新的容身之地。乔布斯在被自己的公司赶出来后，立刻成立了新的公司。

也许大家也会经历因自己的失败而导致失去容身之地的事。这时，我们可以参加感兴趣的俱乐部，或是学习一些新的东西，这样可能会比较容易找到新的容身之地。

新家

11

说人坏话

【人物】手冢治虫（1928-1989 年）

【出生地】日本

【他是做什么的？】漫画家

日本 人非常喜欢漫画。日本的漫画，大多故事情节复杂，不只孩子，大人也非常喜欢。

世界上所有国家都有漫画，但为什么只有日本人这么喜欢漫画呢？

为这一现象创造契机的，是手冢治虫。

被称为"漫画之神"的手冢治虫，究竟为什么会被称为"神"呢？

【60 岁】

即使是因身体不好而住进医院，他也在床上继续画漫画。

【34 岁】

他用发行漫画赚到的钱，开始制作动画。于是，日本第一部动画——《铁臂阿童木》诞生了。不仅仅是漫画，手冢治虫也开启了日本动画的历史。

【19岁】

经历了黑暗的战争时代，他成了漫画家，发表了在现在已经成为常规形式的连载漫画《新宝岛》。这部漫画受到很多人的欢迎，他也成了人气漫画家。

【孩提时代】

生于日本大阪的手冢治虫，在孩提时代是一个胆小的、常常被欺负的孩子，但是自从开始画漫画后，他渐渐被大家尊敬，也交到了很多朋友。

【25岁】

他搬到东京的一间公寓，正式开始了漫画家生涯。这里聚集了很多因崇拜手冢治虫而来的年轻漫画家，他们像彼此竞争一样，创作出了很多优秀的漫画。

这就是"漫画之神"手冢治虫。他将一生都奉献给了漫画。

但"神"也有失败的时候。

哎呀

【外号】

因为工作太多，在约定的交稿日总是无法交稿，所以被编辑们称为"手冢谎虫"。

老师，原稿好了吗?

啊，我真差劲啊……

【居住环境】

因为迟迟不交稿，愤怒的编辑在他家墙上凿了个洞。

【喜欢的东西】

巧克力

【代表作】

《火鸟》
《铁臂阿童木》
《缎带骑士》
《怪医黑杰克》
《森林大帝》
《三眼神童》
……

【爱好】

看电影

创作了很多大受欢迎的作品，被日本国民喜爱、尊敬的手冢治虫，其实性格有些孩子气。

如果看到有比自己画得好的作品，他就会不自觉地讲画那部作品的漫画家的坏话："这样的画和故事，我也能画出来呀。"

就像小男孩在喜欢的女孩面前会不自觉地讲坏话一样，手冢治虫也是这样。

他这样的性格也为他带来了很大的困扰。

有一次，他在自己的作品里写了另一位著名漫画家的坏话。那位漫画家看到后非常生气，他找到手冢治虫，当面理论。

手冢治虫认为对方是正确的，向对方道了歉。他认识到了自己的错误，开始变得讨厌自己了。

那位漫画家在一个月后就生病去世了。手冢治虫的心情，与其说是难过，不如说是感到松了一口气。发现自己有这样的想法，他便更加讨厌自己了。

但是即使发生了这样的事情，在那之后他依然会说其他漫画家的坏话。这不仅伤害了别人，也伤害了他自己，而且他不断地重复着这样的失败。

就算是"漫画之神"，也会有这样无可救药的缺点啊！

像这样常常说别人坏话的手冢治虫，你当然会认为他一定被周围的人讨厌了吧。

不不不，其实他完全没有被讨厌。

不仅常常讲别人的坏话，还因为太忙而迟迟不交稿的手冢治虫确实令很多人感到困扰，但手冢治虫的朋友大多会轻笑着点头说："真是让人头疼的人哪！"他们完全没有真的觉得厌烦。

为什么会这样呢？这是因为大家都了解他。当手冢治虫想表达"好厉害""真羡慕"的时候，总是会讲坏话。

而且当他说"这样的画和故事，我也能画出来"的时候，他是在表达："我必须得画出比这更有意思的东西啊。"

没错，手冢治虫的坏话并不是真的在说别人不好，而是在给自己压力，督促自己创作出更好的作品。

说人坏话

也许讲别人坏话，就是他拼命也要创作出有趣的作品的理由之一吧！

在我们的人生中，总会有一两次不小心讲别人坏话的时候。但是，我们不能成为只会讲别人坏话的人。

比如，如果说了"那个东西完全没有意思"的话，就要好好说明"有

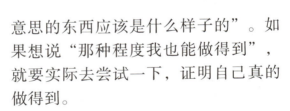

意思的东西应该是什么样子的"。如果想说"那种程度我也能做得到"，就要实际去尝试一下，证明自己真的做得到。

手冢治虫就是这样的人。

反之，如果并不能做到这些，只是一味地说别人坏话的人，那就是非常无聊的人。

什么都不会做，什么都做不到，只会说坏话。为了不成为这样无聊的人，让我们成为可以为自己的话负责的人吧。如果真的无法做到的话，那么就对自己说了坏话的对象真诚地道歉吧。

失败咨询室 **1**

【嘲笑他人的失败】

嘲笑他人的失败，是不行的吧？

当看到他人失败的时候，也许会不由自主地笑出来吧。当然，这也是没有办法的事情。

但是，如果认为这是理所当然的，完全不做反省的话，就可能会给自己带来困扰。

那时的心情

虽然不知道该怎样描述，但一定是不太好的东西——

"嘲笑别人"的经历，有时会变成"不想被嘲笑"的心情。

就这样，小梅因为嘲笑他人的失败而失去了自信，逐渐长大成人。

唉，面试又失败了……

嗯？

咦？你是小梅吗？

还记得我吗？我是阿胜！

啊

哈哈 哈哈

啊，嗯……

小梅正在找工作吗？

我也是呢。

这样啊。我也失败了很多次呢。

哈哈哈

但不太顺利呢……

唉

不过，一定会成功的，加油啊！

再见！

感觉真不错啊……

就算嘲笑了别人的失败，也不代表一定会成为上面所讲的那样。但是，如果因为嘲笑他人的失败而变得害怕失败的话，就会像这个女孩一样，成为让机会溜走的人。嘲笑他人的失败这件事，是包含着这样的隐患的。总是喜欢嘲笑他人失败的人，也偶尔去感受一下因失败而被别人笑的感觉吧。一开始可能会觉得不好意思，但如果习惯了的话，会觉得意外的有趣哟！

哎呀——

嗯，这样就好了！

读错页码了。

哈哈哈哈

真是的

12

除了擅长的事，其他都不行

【人物】爱因斯坦（1879～1955 年）

【出生地】德国 【他是做什么的？】物理学家

天才！最适合这个词的人，就是阿尔伯特·爱因斯坦了。

他因为提出"相对论"而闻名。相对论，简单地解释，就是随着速度和重力的改变，时间的流逝方式也会改变这样一个理论。

哎，这个解释好像不怎么简单啊！

那么，我来问大家一个问题吧。

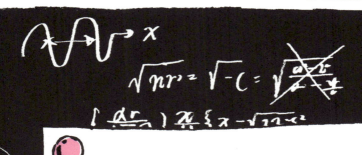

问题

　　这是一个发生在未来的故事。小俊想去米克家玩，米克家在另一个星球上，如果用和光一样快的速度行驶的话，大概 5 分钟就到了。于是，小俊搭乘光速交通工具出发了。

　　小俊在出发前给米克打了一个电话，告诉米克他现在要出发了。

　　那么请问，小俊到米克家，到底花了多长时间呢？

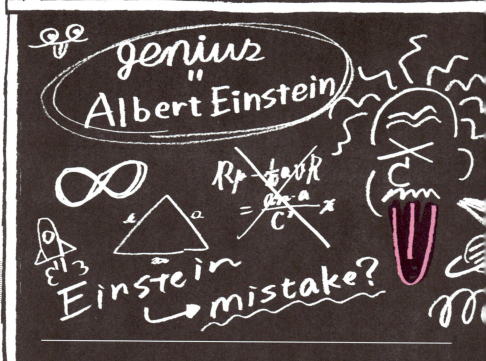

你可能会回答"5分钟"吧？因为前面已经说过，以光速行驶，大概需要5分钟。然而，答案却是"0分钟"。

不过，在小俊到达前，米克的确在家等了5分钟。

咦，明明小俊去米克家用了0分钟，但米克却等了5分钟，很不可思议吧？

实际上，速度越接近光速，时间的流逝就会变得越慢。一旦达到了光速，那么时间就几乎停止了。所以，在家等待小俊的米克等了5分钟，但对以光速行进的小俊来说，时间并没有流逝。

虽然听起来有些不可思议，但时间的确不是一直以同样的速度流逝的。把这件事用数学来解释，就是爱因斯坦

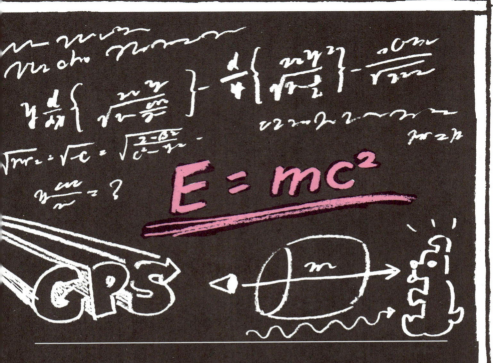

的相对论。

　　像我们这样的普通人，一定想不到时间流逝的方式会因情况的改变而有所区别吧？"我才不相信呢！"这样想的人一定也有很多。

　　但实际上，向环绕着地球的人造卫星发送信号，以此来确认位置的 GPS 系统，就是根据时间的流逝方式不同这一理论发明出来的。

　　此外，用于发电的核能，也是基于爱因斯坦想出的公式 $E=mc^2$ 而诞生的。

　　研究世间万物的结构和运动的学科被称作"物理学"，很多人说，爱因斯坦使物理学一下子进步了几十年。

哎呀——

【后悔】

据说，因为原子弹是基于爱因斯坦想出的公式而发明的，所以爱因斯坦去到日本时情不自禁地流下了泪水。

又是只有爱因斯坦一个人没写完啊！

笨蛋！

啊

【大脑】

传闻爱因斯坦去世后，他的大脑被切成薄片，由世界各国分开保管。

【代表作】

《关于光的产生和转化的一个启发性观点》《热的分子运动论所要求的静液体中悬浮粒子的运动》《论动体的电动力学》等论文。

【照片】

他本来打算拍摄微笑的照片，结果因为想要掩饰害羞而做了吐舌头的鬼脸，从而留下了那张著名的照片。

(82)

被上天赋予才能的人，生来就能力超群的人，常常被称为"天才"。

想必爱因斯坦也是从孩提时代开始，就被周围的人认为是天才的吧？

那么，就让我们把时间回溯到爱因斯坦的小学时代吧。

当时，他班上的同学是这样叫他的："笨蛋！""直肠子！"

咦，这些词好像不是用来形容天才的吧？

没错，爱因斯坦小时候，完全被同学们当成笨蛋了。

笨拙，老实，做事不得要领，这就是小时候的爱因斯坦。

无论让他做什么，他都慢吞吞的——失败！

别人说什么，他都会轻信——失败！

本来很容易就能完成的事情，他一定要用复杂的方法去做——失败！

当时的爱因斯坦，就是这样一个孩子。

而且，据说爱因斯坦一直到三岁都不会说完整的句子，直到九岁左右才能顺畅地表达自己的想法。

他在学习方面，除了数学，其他的全都不行。

"妨碍我学习的东西只有一个，那就是教育。"爱因斯坦非常讨厌学校，甚至还讲过这样的话。

提出了被称为"世纪大发现"的相对论，并改变了物理学的天才，小时候竟然是这样的！

如果把爱因斯坦小学时的成绩用图来表示的话，一定会是左边小图的样子吧。但是在学校会获得表扬的，通常是右边小图所表示的这种，所有科目都比较擅长的学生。

当然，什么都擅长的人是很厉害的，但世界上也有很多人只擅长一件事情。如果在擅长的这件事上可以超越他人很多的话，也是可以依靠这一擅长的事来生存的。

那么，究竟要做到什么程度，才算是"超越他人很多"呢？关键就在于能否拿出成果。

如果擅长语文的话，就是创作出文学作品；如果擅长理科的话，那就是找到感兴趣的点，创造出有趣的实验或发明。

如果自己创造出的东西可以打动人心，使人感动的话，那么便可以凭借仅擅长的这件事情生存了。

在孩提时代，除了数学，其他几乎都不擅长的爱因斯坦，在长大后却成了物理学家，用相对论这一理论，让全世界的学者都为之感动。这就是一个很好的例子。

然而，也会有人为自己没有任何擅长的事情而感到失

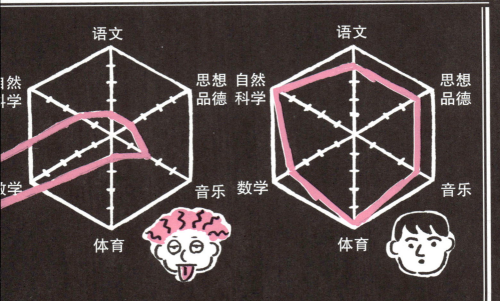

落。但爱因斯坦曾这样说过："我并不是天才，我只是比其他人花费了更多的心思。"

也就是说，坚持去做自己喜欢的事，是培养出自己擅长的事情的重要手段。

当然，坚持做一件事情一定会伴随着失败，爱因斯坦也一样，在找到正确的理论之前，他一定经历了几百次的失败吧？因此，有时候我们也会变得讨厌自己喜欢的事情。但是，如果想着"果然还是喜欢呀"，而一点一点坚持下去的话，那它最终一定会变成你擅长的事情。

与其为那些不擅长的事情感到失落，不如重视那件你擅长的事情，发自内心地去喜爱它，这就是踏上能带给他人感动的人生的第一步。

13

心怀自卑

【人物】奥黛丽·赫本（1929－1993年）

【出生地】比利时 【她是做什么的？】演员

她是著名演员奥黛丽·赫本。她有多受欢迎呢？我们先从她的生平讲起吧。

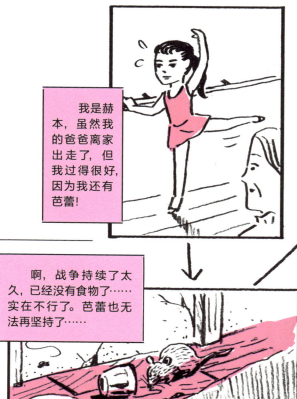

我是赫本，虽然我的爸爸离家出走了，但我过得很好，因为我还有芭蕾！

啊，战争持续了太久，已经没有食物了……实在不行了。芭蕾也无法再坚持了……

肚子好饿……

战争终于结束了，身体也恢复了，原本以为可以成为芭蕾舞演员，然而……

那时，有人推荐我去做演员，演员的酬金比芭蕾舞者更多，因此我开始为成为演员而努力。

打击

你的个子太高了，是不可能担任主角的！

那部电影就是《罗马假日》。因为它，我的人生彻底改变了。

罗马假日

一开始我演的电影没什么人气。但有一天，幸运突然降临了。有人看了我的电影后找到我，说希望我可以做他电影的主角。

全世界都 ❤ 爱 上了 赫本！

在那之后，我除了演电影，还谈了恋爱，成了母亲。转眼，我已经成了一位老奶奶，但那是我一生中最幸福的时光。

啊，我成了人气明星，还被称作"永远的妖精"，真是有点害羞啊！

谢谢你们……

这就是"永远的妖精"——奥黛丽·赫本。作为演员，她出演了很多电影。之后她开始救助世界上需要帮助的孩子们。赫本所做的事情打动了很多人的心，也拯救了很多人的性命。

因像天使一样美丽善良而被全世界所喜爱的奥黛丽·赫本，这样的人也会遭遇失败吗？

哎呀

【性格】
每次拍摄结束后都会非常消沉。

【体质】
因经历过食物匮乏的年代，体质不易发胖。

【代表作】
《罗马假日》《蒂凡尼的早餐》《龙凤配》等。

【特长】
擅长时尚搭配。

然而，奥黛丽·赫本竟然说："我从来没有觉得自己长得漂亮。"

过于纤瘦的身材、有点方的脸、大鼻子、过高的身高、平胸、大脚……

有这么多的缺点，她自然认为自己并不美丽。"永远的妖精"是真心这样想的。

实际上，在赫本年轻时，人们对女性的审美通常是：圆润柔和的脸，小小的鼻子，身高不要太高，体型微胖，胸部丰满……这样的人才被认为是美女。

比如，左边那幅海报中的演员玛丽莲·梦露，她的身材和长相在当时是最受欢迎的。

因为自己的长相和大受欢迎的女演员正好相反，从而认为自己不如他人的想法，就是自卑。

也许大家不相信，赫本不但没有认为自己的长相和身材美丽，反而因自卑而非常苦恼。

自卑到一定程度的话，内心也会变得阴暗。在镜头和观众面前自然也不会有很好的表现。

那么，赫本究竟是怎样摆脱自卑感的呢？

是吃了很多东西，让自己变胖吗？还是留长了头发，把脸挡住了呢？

不，她并没有做这样的事情。

赫本的做法是，努力把自己并不美丽的地方转变成自己独有的美丽。

比如，穿着可以修饰自己过瘦身材的服装，画稍微有点夸张的眼妆，以使脸型和大鼻子不那么明显，等等。

作为一名演员，赫本一直十分注意自己的形象。

"女性的魅力，并不是只能靠身材来表现，也可以通过从树上摘苹果的动作、下车的动作等来表现。"

没错，美丽并不是仅靠漂亮的脸蛋、良好的身材等外在的条件就能展示出的东西。

赫本用自己独一无二的方式展现了女性的魅力，被全世界的人所认可，甚至改变了当时认为"微胖的女性才是美丽的"这一审美观念。

大家也许也对自己的长相、身材和性格等，抱有一些自卑感吧？如果你想摆脱这种自卑感，那么请不要逃避，来仔细地观察一下那些让你感到自卑的地方吧。

比如，也许有人会认为自己的长相并不可爱。如果有这样的想法，其实就说明其内心是希望别人认为自己可爱的。

但是，可爱并不是只靠长相才能表现出来的，穿着打扮、化妆、身材、动作、思考方式、说话方式等，都可以成为可爱的要素。

像这样思考一下的话，你就会发现，并不是长相不可爱就无法成为可爱的人。

我们完全可以像赫本那样，通过努力来打造只属于自己的可爱要素。

通过努力获得更多这样的要素后，自己也会渐渐地更加喜爱自己。对于之前一直困扰着自己的自卑感，也会这样看待："算了吧，那也是我的一部分呀！"

如此看来，自卑情结也是成长的一大机会。为了可以释然地说出"那也是我的一部分呀！"，好好努力吧！

14

太过理想化

【人物】孔子（公元前551－公元前479年）

【出生地】中国 【他是做什么的？】思想家、哲学家

被 称为"伟人"的人，大多都留下了有道理的话，就是我们常说的"名言"。

常识就是18岁前形成的偏见。

——爱因斯坦

总会有更好的办法。

——爱迪生

说到名言，就不能不介绍这个人：

孔子

学而不思则罔。

过而不改，是谓过矣。

孔子生于2500多年前的中国，当时的中国群雄割据、战火不断。战争夺走了很多东西——家、国、生命，以及人心。生于乱世的孔子认为，如果每个人都有正直的心，就会创造出一个美好的国家。

被这样的想法打动而成为他弟子的，竟有3000多人。孔子与弟子们一起踏上了漫长的旅途，他在旅途中不断地向弟子们传授自己的思想。孔子去世后，他的弟子把他说的话整理成书，就是《论语》。

请看下面的句子，每一句都非常深刻，直击人心。这些都是收录在《论语》中的孔子讲过的话。《论语》历经2000余年，流传于世，至今仍是启迪智慧的经典。

现在，你是不是很想知道孔子生前究竟成就了哪些大事呢？

见义不为，无勇也。

物以类聚，人以群分。

知之者不如好之者，好之者不如乐之者。

孔子生前好像并没有做过什么大事……他只是学了很多知识，形成了自己的思想，并将这些思想告诉大家，还收了很多弟子，仅此而已。

其实，孔子也有想做的事情，那就是担任可以影响国家的官职，用现在的话说，就是政治家。

孔子认为，正直的心可以创造出美好的国家，可以让人过得更加幸福。他想实现这样的想法。

终于，机会来了。在孔子刚过 50 岁的时候，他被任命为国家大臣。

但他的理想实现得并不是很顺利，因为当时的中国四分五裂，战火不断。在这样的情况下，孔子根本无法实现他的理想，仅仅过了 3 年，他就不得不离开雇佣他的国家。在那之后，他和弟子们一起，为寻找新的雇佣自己的国家而不断奔走。

在旅途中，孔子为自己不被认可的命运而叹息。当他最有才能的弟子死去的时候，他甚至感慨："是上天要毁灭我呀！"

直到最后，孔子也没有成为政治家。73 岁时，他离开了这个世界。

孔子的思想在 2500 余年间一直影响着世人，可以说他是一个大伟人。

然而，孔子在活着的时候并没有获得他想做的可以改变国家的工作，甚至都没有来得及把自己的思想整理成书。

虽然 孔子活着的时候没有留下任何著作，但他的思想是货真价实的，所以才有如此多的弟子愿意追随他。

孔子的弟子们整理的《论语》一直流传至今，根据《论语》，后人形成了儒家学派。孔子逝后 300 多年，儒家思想开始被引入学校教育中，在之后的 2000 多年里一直被传授。

教育可以塑造人，人可以塑造国家。学习了儒家思想的人正在塑造国家。这不就是孔子所期望的图景吗？

孔子在世时没有实现自己的理想。但在他去世 300 年后，他的理想逐渐成为现实。

然而，仅仅通过谈论自己的理想来改变现实，是不可能实现的。如果想把理想变为现实，就要脚踏实地、认认真真地去做自己力所能及的事情。

举个例子吧，如果你有"我想成为歌手，演唱受欢迎的歌曲"的想法，那么请首先尽情地想象一下自己在演唱会上被欢呼声所围绕的场景吧。

成品示意图

太过理想化

　　幻想过后，就请把这些想象的东西全都忘掉，然后开始学习乐器，学习作曲，练习唱歌，让自己能够做到的事情变得更多。每当获得一项新能力，你就离目标更近一步。

　　当你正在为实现目标而努力的时候，希望你可以读一本书，就是《论语》。

　　日本政治家德川家康和著名作家夏目漱石都读过《论语》这本书。明治时代改变了日本经济的涩泽荣一，也非常推崇《论语》这本书。

　　也许《论语》的内容会有点难，但大家一定会在其中找到打动自己的语句。请通过阅读《论语》这本书，来感受一下语言的力量吧。

15

过于消极

【人物】诺贝尔（1833－1896年）

【出生地】瑞典 【他是做什么的？】化学家、企业家

有一种东西，叫作甘油三硝酸酯，它是1847年意大利化学家索布雷洛发现的。以往，石油被叫作"可燃烧的水"，而甘油三硝酸酯被叫作"会爆炸的水"。

甘油三硝酸酯的破坏力很强，削山劈岩，无所不能。自从有了它，建隧道变得容易了很多。可以说，有了甘油三硝酸酯，人类就拥有了可以改变地形的力量。

然而，甘油三硝酸酯有一个很大的缺点，那就是如果在很热的环境中或是被激烈晃动的话，就会轻易爆炸。因此，它是非常危险的东西。

在甘油三硝酸酯被发现的 18 年后，也就是 1865 年，它再次受到了世人的关注，因为有人为它发明了"起爆装置"。

首先，在装有甘油三硝酸酯的容器里放入装了火药的小木箱；然后，从木箱中引出一条绳子，也就是"导火索"。点燃导火索，就可以使木箱里的火药发生一场小型爆炸，这场小型爆炸可以引发甘油三硝酸酯的大爆炸。导火索越长，就可以在离爆炸地点越远的地方引燃，这样更加安全。

发明这一起爆装置的，就是诺贝尔。当时，他年仅 32 岁。

因为这一发明，甘油三硝酸酯终于得以成为人类的帮手。诺贝尔的工厂，也因此收到了很多订单。

但是，甘油三硝酸酯依然是一种危险物品。因为在运输过程中，很可能会因容器掉落而引起大爆炸；而且，哪怕是马车的晃动，也可能会导致爆炸。

诺贝尔的工厂也发生了甘油三硝酸酯爆炸事故。不幸的是，诺贝尔的弟弟在事故中丧生了。

"我还要继续从事和甘油三硝酸酯有关的工作吗……"由于太过悲伤，诺贝尔开始犹豫了。

最终，诺贝尔没有放弃甘油三硝酸酯。他开始努力研究如何安全地运输和使用它，终于开发出了新产品。

把甘油三硝酸酯与一种叫作"硅藻土"的黏土混合，就可以安全地运输了。而且，与黏土混合后，甘油三硝酸酯被做成固体，形状也可以调整了。诺贝尔把它做成筒状，并在里面放入被称为"雷管"的起爆装置。就这样，炸药诞生了。你一定在什么地方见过类似的东西吧？

这一新产品风靡全球！

筒状的设计，不仅运输方便，而且使它可以塞在夹缝处引爆，使用方法非常灵活。诺贝尔的工厂再次接到了大量订单。

诺贝尔立马在世界各地建造工厂，大量生产炸药，赚了很多钱。可以说，诺贝尔是当时世界上最有钱的人。

在诺贝尔还很小的时候，他父亲的工厂破产了，家庭变得四分五裂，生活很艰难。但是，年仅 33 岁的他发明了炸药，已经赚到了可以安稳度过一生的钱。

获得巨大成功的诺贝尔，这时一定春风得意吧？

然而，事实并非如此。

诺贝尔原本就是非常容易消沉、有点玻璃心的人，突然变得有钱后，他遇到了各种各样令人难过的事情，这让他越来越消沉。

那么，究竟发生了什么事呢？

哎呀

一

再见

再见

【发明】

除了炸药，他还发明了远距离运输石油的技术和用船救助溺水者的方法等，留下了很多有益于社会的发明。

带来死亡的商人

死了！

【代表作】

炸药、诺贝尔奖等。

【婚姻】

一生谈了三次恋爱，但没有结婚。

【传闻】

据说，诺贝尔奖之所以没有设立数学奖，是因为诺贝尔的女友甩了他后，与一位数学家结婚了。

1888 年， 诺贝尔的哥哥去世。一些报社误以为是诺贝尔去世了，纷纷打出"带来死亡的商人死了！"这样的标题。

看到这些文章的诺贝尔深受打击。

的确，炸药也被用于战争，而且诺贝尔也确实在开发更强力的武器。只看到这一点的人，会认为诺贝尔是在做导致人死亡的生意，这也是没有办法的事情。

但是，诺贝尔在发明炸药时，从未想过要把它当作杀人工具。他开发强力的武器，也只是因为他认为，如果拥有强力武器的国家增多的话，反而会减少使用它们的概率。

此外，两位他喜欢的女性先后离开了他，这让诺贝尔的心变得越来越脆弱。

关于炸药这一自己最大的发明，诺贝尔是这样评价的："它成了可怕的杀人工具。"

关于自己的人生，他甚至说："如果我生下来就死掉就好了。"

不仅是自己的发明，就连自己的人生，他都认为是失败的。

这样的诺贝尔在 60 岁时患上了心脏病。3 年后，年仅 63 岁的他离开了人世。

其实，当时已经发明了治疗心脏病的药，但诺贝尔拒绝用药。有人说，这是因为那种药中含有炸药的原料——甘油三硝酸酯。

心脏变得越来越差，知道自己将不久于人世的诺贝尔，写下了遗嘱，明确了他巨额遗产的使用方法。他写道："请用我留下来的钱，每年奖励给为物理学、化学、生理学或医学、文学，还有和平做出重大贡献的人。"

基于这个遗嘱而诞生的，就是家喻户晓的诺贝尔奖。

在诺贝尔去世 5 年后的 1901 年，诺贝尔奖的评奖正式开始。

虽然诺贝尔奖是很棒的奖项，但如果诺贝尔本人生前不觉得幸福的话，那就是有问题的。

有的人会过高地评价自己，也有的人会过低地评价自己，尤其是当一个人变得有名、受到了更多关注的时候。

我们常说不在乎他人看法的人是想得开的人。如果想要生活幸福，每个人都多少需要想得开一些才行。

那么，要怎样才能做到想得开呢？那就是，无论做什么事情都拼尽全力，并时常告诉自己："能做的我已经都做了。"这样一来，就会自然而然地变得想得开，即使失败，也能告诉自己："这也是没办法的事情啊！"

也许你会认为，容易受到他人影响、容易受到伤害的消极，和认为自己已经做了能做的而不去在乎的想得开，这是截然相反的两种特征。但在你了解了诺贝尔的人生后，你就会明白，找到这两种特征的平衡，才是使生活幸福的关键。

16

沉迷赌博

【人物】陀思妥耶夫斯基（1821~1881年）

【出生地】俄国 【他是做什么的？】作家

陀思妥耶夫斯基是一位俄国作家，为世人留下了《罪与罚》《白痴》等众多名作。在他的众多作品中，《卡拉玛佐夫兄弟》被称为是文学史上的最高杰作，这部作品影响了后来的无数小说家。

然而，陀思妥耶夫斯基的作品有一个很大的缺点，那就是有些难懂。但他并不是故意要写得这么难懂的。可以说，陀思妥耶夫斯基是把原本非常非常难懂的东西，努力写得浅显了些，所以才有了现在这些比较难懂的作品。

虽然对现在的你来说有点难，但等你长大了，请一定要阅读一下《卡拉玛佐夫兄弟》这部作品。

由于有很多大人在阅读这部作品的时候，读到一半就放弃了。所以，我们为你总结出了右边的三个原则。按照这些原则进行阅读，就算花费很多的时间，最后还是可以读完的。

那么，写出这样虽然难懂，但十分有趣的小说的陀思妥耶夫斯基，究竟是一个什么样的人呢？

【①制作人物关系图】

表示登场人物关系的图被称为"人物关系图"，有了这张图，就可以很清晰地了解每个角色的身份。

【②准备一本辞典】

如果遇到不懂的词，不要不管它，用辞典查一下吧。用电子书阅读器的话，可以很快查到不懂的词，非常方便。

【③一开始要忍耐】

这部作品的开头介绍登场人物生平的内容很多，看起来有些无聊，而且还有些难懂，很多人看到这里就放弃了。所以，请做好心理准备，坚持读下去吧！

> 一粒麦子落在地里，如若不死，仍旧是一粒；若是死了，就会结出许多子粒来。
> ——《约翰福音》第 12 章 14 节

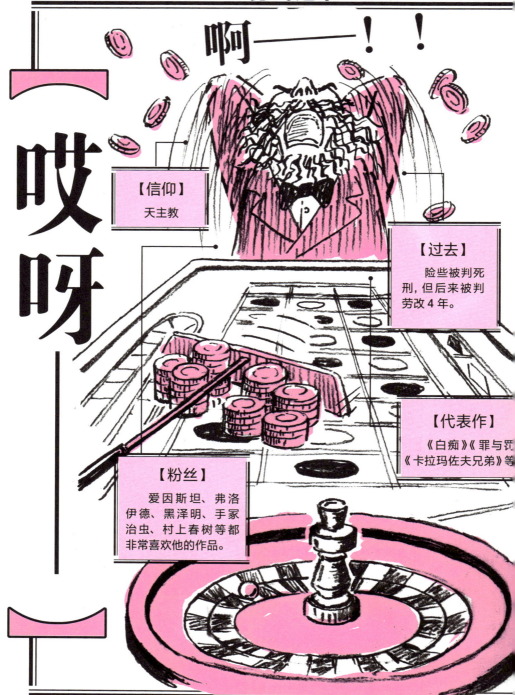

啊——！！

哎呀

【信仰】

天主教

【过去】

险些被判死刑，但后来被判劳改 4 年。

【代表作】

《白痴》《罪与罚》《卡拉玛佐夫兄弟》等

【粉丝】

爱因斯坦、弗洛伊德、黑泽明、手冢治虫、村上春树等都非常喜欢他的作品。

左页的这个人就是陀思妥耶夫斯基。他正在玩一种叫作轮盘的赌博游戏。

所谓轮盘，就是把球投到旋转的圆盘上，猜测球会落到哪个数字上的游戏。

陀思妥耶夫斯基特别喜欢玩轮盘，但他看起来玩得并不是很开心啊！这是因为他又猜错了，输了很多钱。

花钱玩游戏，如果赢了，就可以拿到很多钱，这样的游戏形式被称为赌博。

虽然赢了可以赚到很多钱，但说到底赚钱的还是店家，因为赌博游戏的工具本身就是为让店家胜出设计的。因此，想要通过赌博来赚钱，几乎是不可能的。

但还是有很多人沉迷赌博，这是为什么呢？

因为一旦开始赌博，自己的钱就会变得越来越少，自己便会一边为输钱而焦虑，一边为赢钱充满期待，这种刺激的感觉也许就是吸引人赌博的原因。

陀思妥耶夫斯基就是被赌博吸引的人之一。

他由于太过沉迷于赌博，结果输了很多钱。为了可以继续赌博，他甚至还向出版自己小说的出版社借钱。

这种深陷赌博泥潭，以至于需要四处借钱度日的人，通常被称为"浑蛋"。

没错，写出了文学史上最高杰作的小说家——陀思妥耶夫斯基就是这样一个"浑蛋"。

然而，

陀思妥耶夫斯基
在创作小说时，不
仅可以塑造出非常有
魅力的人物角色，还能
写出那个角色内心深处的东
西，为什么"浑蛋"可以写出
如此动人的作品呢?

答案很简单。正因为他是"浑蛋"，
所以才能写出这样的作品。

人心有纯真善良的部分，也有阴暗不堪的部分。只了
解其中一部分的人，是无法塑造出丰满的角色的。

赌博常常会让人表现出内心丑恶的一面，也许陀斯妥
耶夫斯基就是通过赌博了解了人心阴暗不堪的那一面吧。

一般来说，想要通过赌博获得好处是不可能的，赌博
只会浪费时间和金钱。

沉迷赌博，既不能促使人成长，也无法给人带来成功，
可以说是一点意义也没有，只是单纯的、彻彻底底的失败。

但我希望大家可以注意到一点，那就是，我们常常会很简单地去判断一个人。

沉迷赌博了，就是浑蛋；学习不好，就是傻瓜；穿着过时的衣服，就是老土……我们常常这样简单地评价他人。当然，这样想也没关系，怎样看待他人是一个人的自由。

但是，只通过片面的了解，就对一个人下定论，甚至完全不打算去和他交流的话，到头来蒙受损失的还是自己。

比如，如果把陀思妥耶夫斯基的作品看作是浑蛋所写的小说，那么可能就没有人去阅读它们了。但是，陀思妥耶夫斯基的小说描绘出了人内心深处的东西，可以让读者了解自己从未了解过的人性。

如果不了解，可能只是一个小小的损失，但是如果这样小小的损失积攒得越来越多，就会成为遗憾。

所以，如果你发现了一个人的缺点，可以去试着与他交流，进而发现他的优点。如果常常带着对他人的兴趣来沟通的话，那么平凡的每一天就会变得更有趣吧。

失败咨询室 2

【一口气解决各种各样的烦恼】

我总结了一下让大家苦恼的失败。

Q.1 我学习不好，被周围的人当成笨蛋了。

Q.2 我不擅长运动，在运动会上又拖后腿了。

Q.3 我唱歌不好，在大家面前唱歌，连老师都笑了。

超冷场。

总是很容易害羞，常常出糗。

讨厌自己的长相，这就已经足够失败了吧？

我将来一定什么都干不成！

你很失败哟！

未来的我？

不受欢迎，就算对喜欢的女生表白，也总是被拒绝。

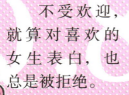

那么，有这样的想法时该怎么办呢？
让我们一口气解决这些烦恼吧！

问题 1~8 的答案：

没什么大不了！

我没有开玩笑！上面提到的烦恼，的确都是不用放在心上的事情。

其实，这些烦恼都隐藏着一个共同的前提，那就是"和别人相比"。和别人相比，我学习不好；和别人相比，我运动不好；和别人相比，我唱歌不好；和别人相比，我不擅长演讲；和别人相比，我长相不漂亮；和别人相比，我总是会害羞……

那么，只要不把自己和他人相比，就不会有这些烦恼了。

"就算你这样说，我还是很烦恼！"如果这样想的话，就不要与他人比较，而是改成与昨天的自己比较吧。想要超越昨天的自己，只需要一点点的努力便可以了。如果想要学习变好，那么今天就多学习30分钟，或者多学习1小时吧。这样一来，就会比昨天的自己学习更好。运动、唱歌、演讲、打扮……这些事情都是可以通过今天的努力，来超越昨天的自己的。

"但是，一想到有比自己更厉害的人，就很不甘心。"如果这样想的话，就换个方式来应对吧。比如，真心称赞"那个人好厉害"！

每个人都有自己擅长的事情，也有自己不擅长的事情。所以，真挚地去认同他人擅长的事情就好了。如果每天都可以怀着超越昨天的自己的心情去努力的话，总有一天会找到自己擅长的事情，就会成为"没有必要与他人比较"的自己。

这样就解决了！很快你就会认为，所有的这些烦恼，都没什么大不了。

17

过于创新

【人物】巴勃罗·毕加索（1881—1973年）

【出生地】西班牙【他是做什么的？】画家

在伟大的艺术家中，有很多怪人，比如之前讲到的萨尔瓦多·达利。

另外，和毕加索同一时代的画家凡·高，也是一个怪人。

当然，毕加索也是怪人。要说他哪里怪的话……

【名字怪】

毕加索的本名叫"巴勃罗·迭戈·何塞·弗朗西斯科·狄·保拉·胡安·纳波穆西诺·玛莉亚·狄·洛斯·雷梅迪奥斯·西普里亚诺·狄·拉·圣地西玛·特里尼达·路易斯·毕加索"，真是个难以置信的长名字，据说就连毕加索本人都记不住。

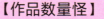

【作品数量怪】

毕加索的作品，仅油画就有1万幅之多，加上其他作品，总数甚至超过13万件。留下如此多作品的画家，仅此一位。平时很没耐心的毕加索，唯有在作画时可以专注好几个小时。

注：图上文字为日文"变"，意思是"怪"。

【变化怪】

　　毕加索还因绘画风格多变而出名。因为朋友的死，而常用蓝色作画的时期，被称为"蓝色时期"；因交了女朋友，而喜欢使用鲜艳的色彩的时期，被称作"玫瑰时期"；此外，还有"艺术转折时期""立体主义时期"等。不同的时期，作品风格的转变非常明显。如果你感兴趣的话，可以去图书馆找毕加索的画集来了解一下。

【画作怪】

　　毕加索的作品，有很多都是第一眼看上去不知所云的奇怪的画。有很多人认为他的画就是"小孩子的涂鸦"。但这样有些奇怪的画，不知为什么非常受欢迎，甚至有很多人出高价购买，随后我们会解释原因。

　　毕加索就是这样一位有着很多奇怪特征的画家，他的作品非常受欢迎，他在去世后也一直被推崇。他取得了这样成功的背后，也有过很大的失败。

毕加索活跃在 20 世纪初，那时，美术界正在发生巨变。

在那之前，美术作品主要是为教会和贵族创作的。但在毕加索生活的时代，教会和贵族的力量削弱，美术作品开始进入美术馆，成为任何人都能欣赏到的东西。

画家们为了让自己的画能在美术馆展示，都在努力创作不输给他人的、拥有自己独一无二风格的作品。

毕加索也是如此，在为寻找自己独特的新绘画风格而拼命努力着。在一走动地板就会嘎吱作响的破旧公寓中，他每天都坚持画好几个小时的画。

终于有一天，他找到了属于自己的风格。在那之后，他不停地作画，在画了 100 多幅习作之后，终于在 26 岁时完成了那幅著名的《亚威农少女》。

画中的五位女性，脸部粗犷，就好像很久以前非洲人制造的面具一样；人物的身体线条尖锐，有很多棱角，完全感受不到女性身体的柔美。但这就是毕加索追求的新的绘画风格。

他自信满满地把这幅画展示给朋友们。然而，朋友们在看到这幅画后，有的嘲笑他，有的很吃惊，甚至有的很愤怒。总之，他们给出的都是负面评价。

毕加索经过多年的探索，才找到属于自己的艺术风格，可是就连自己的朋友也不认同这种风格。

毕加索从来没有因绘画而感到这样失落过。传闻这件事给了他很大的打击，有段时间他甚至无法继续作画……

就这样，由于太过创新，毕加索失败了。但实际上，这幅《亚威农少女》并不是全新风格的绘画。更确切地说，这幅画是偶然变成了全新风格的绘画。

想要创造出只属于自己的、独一无二的绘画风格，经过反复思考，一遍又一遍地重绘，毕加索终于画出了这幅画。而很巧地，在此之前从来没有人画过类似的画，仅此而已。

真正的创新，其实就应该是这样诞生的。

"想要做一些创新的事情""想做别人没有做过的事情"，抱着这样的想法去创新的话，那么结果通常会不如人意，也无法取得很大的突破。

如果大家也想要做一些可以改变世界的真正的创新的话，那么就像毕加索一样，先要认真深入地思考一下自己究竟想做什么吧。

不过，也许需要几年，甚至几十年的时间才能找到答案。而且，很可能会像毕加索一样，在一开始并不被他人所认可。

太创新了吧?

但是，如果是真正的创新的话，就不会就此画上句点。

毕加索的《亚威农少女》虽然被朋友们批评得一无是处，但也还是有两个人认可的。一位是画家乔治·布拉克，另一位是画商丹尼尔·亨利·卡维拉。

布拉克后来与毕加索一起创立了立体主义流派，该流派致力于把从各个角度看到的同一物体的模样呈现在同一张纸上；卡维拉则把毕加索的画介绍给喜欢新事物的人，卖出了很高的价格。

为了追求味道，就做成了这样……

就这样，毕加索不仅被誉为"开创了全新流派的天才画家"，还赚到了很多钱，可谓名利双收。在那之后，他还创作出了很多充满奇思妙想的作品，一辈子都大受欢迎。

真正创新的事物中，蕴含着为创造出它而花费时间和精力的人的灵魂。在这世界上，一定有会被这样的灵魂所感动的人。

18

得意忘形

【人物】野口英世（1876-1928年）

【出生地】日本 【他是做什么的？】细菌学家

那是他才1岁时发生的事情。

掉进围炉里的野口清作，左手严重烧伤，手指粘连在了一起。

清作的母亲世嘉心想："手伤成这样，肯定没办法干体力活儿了，只能让他靠学问求生存了。"

世嘉努力工作，为清作赚取学费。为了报答母亲，清作也很努力地学习。

他们母子努力的样子感动了老师和朋友。于是，大家捐款，让清作的左手做了手术。

手术很成功。粘连在一起的左手手指分开了。

清作感受到了伟大的母爱和温暖的友谊，他想："为了这些帮助过我的人，我必须要出人头地，不给他们丢脸。"

他更加努力地学习，立志成为一名医生，希望有朝一日自己也可以去帮助那些需要帮助的人。

很多年后，清作改名为"英世"，去了位于美国的研究室。但英世并没有成为医生，而是做了一名寻找疾病治疗方法的研究者。为了研究，野口英世常常废寝忘食，最终取得了很多成就，成为被世人所尊敬的研究者。

英世最后的战场是非洲。

在非洲，许多人都饱受黄热病的折磨。英世去那里进行研究，试图找到治愈黄热病的方法。但没想到，他自己竟然感染了黄热病，最终客死他乡……

为了救助被病痛折磨的人，他不畏生死地战斗着。他勇敢而坚定的身影，一定会一直留在我们的心中。

那么，这么伟大的人，也会失败吗？

派——对——之夜！

哎呀——

【特长】
非常擅长用吸管取药。

【爱好】
油画、俳句、短歌等。

（126）

【代表作】
蛇毒研究（其他发现后来大多被推翻）。

"**嗯？**你问我是谁？我是英世啊，野口英世！啊？你问我在干什么？这还用问吗，当然是在开派对啊。派——对——！好了，别纠结那些有的没的了，喝酒吧！钱？啊，没事，不用管。你看，这儿不是有很多钱吗？啊？你问我怎么有这么多钱？我马上要去美国了，所以拿到了很多赞助啊。行了，玩吧！喝吧！跳舞吧！"

虽然不知道英世是不是真的像这样，但他总是一赚到钱就尽情挥霍，很快便把钱花个精光。

而且，他所挥霍的钱有很多并不是他自己赚的钱。很多人因为对英世寄予厚望，所以会拿钱赞助他。英世虽然也知道这是很重要的钱，但还是一不小心就花光了。

也就是说，野口英世的失败，就是他一次次地背叛了他人的信任。

左边的这张图中，英世仅用了一晚上，就把去美国留学用的 500 日元（相当于现在的 1000 万日元，换算成人民币的话，大约是 60 万）花光了。英世在付钱时肯定很消沉，也许会觉得眼前一黑吧。

怎么办呢？英世！

天无绝人之路，他还是找到了办法。

野口英世在没有钱的时候，总是会向一个叫血协守之助的人求助。做牙医的守之助非常敬佩英世的才能，所以他即使知道英世总是乱花钱，也还是会尽全力帮助英世。

在野口英世花光了去美国留学的钱时，是守之助向他人借钱来给野口英世的。

野口英世被这件事深深地触动了。

到了美国后，他一心扑在研究上，甚至让看到他努力样子的美国人认为："日本人难道是不用睡觉的吗？"

没错，野口英世擅长的就是努力。

从他贪玩的样子几乎想象不出来，但他一旦开始学习和研究，就会非常努力，甚至其他研究者因为觉得太麻烦了而不去做的研究，他也会积极地去做，并且取得了成功。

这也是虽然他失败了很多次，但人们都会原谅他，并且还不断支持他的原因。

如果因失败而给他人带来麻烦的

话，就会失去很重要的东西，那就是信任。在人与人的关系中，没有比信任更重要的东西了。

野口英世曾经多次失去别人对他的信任。但是，他没有忘记努力进行研究和学习，因此才重新取得了别人对他的信任。

大家在将来也许会遇到因失败而给别人添麻烦的情况吧。对方就算原谅了你，但也一定会失去对你的信任。换句话讲，就是对方用对你的信任作为代价，来原谅了你的失败。

其实，我们也可以像野口英世那样，重新取得对方的信任。

首先，请认真思考一下，为什么在这之前对方会一直信任你？

如果失去了信任，我们会不由自主地去关注自己做得不对的地方。但是，如果想再次取得他人的信任，那么就要去寻找至今为止对方信任自己的理由，也就是自己的优点。这才是重新获得对方信任的有效途径。

19

追求完美

【人物】黑泽明（1910-1998年）

【出生地】日本 【他是做什么的？】电影导演

电影导演黑泽明，他明明是日本人，却被称作"世界的黑泽"。

为什么说他是世界的呢？因为在日本还没有能力跻身世界强国的时候，黑泽的电影便已经在世界范围内获得了很高的评价。世界各地的很多导演都受到黑泽的影响，参考他的电影，留下了很多电影历史上的名作和名场景。

比如：

《星球大战4：新希望》（1977年上映）

导演：乔治·卢卡斯

风靡全球的《星球大战》系列，其中的角色塑造参考了黑泽明的《暗堡里的三恶人》。

《暗堡里的三恶人》（1958年上映）

导演：黑泽明

追求完美

《辛德勒的名单》（1993
年上映）
　导演：史蒂文·斯皮尔
伯格

在黑白画面中，只有小女孩的衣服是红
色的。这一幕的灵感来自黑泽明《天堂与
地狱》中的场景——黑白画面里只有从烟
囱中冒出的烟雾是红色的。

《天堂与地狱》
（1963 年上映）
　导演：黑泽明

《教父》（1972 年上映）
　导演：弗朗西斯·福特·科波拉

描绘黑手党世界的《教父》，
开场镜头是婚礼的场景。这是
模仿了黑泽明的《懒汉睡夫》。

《懒汉睡夫》（1960 年上映）
　导演：黑泽明

　　上面提到的这些电影都是家喻户晓的名作。那么，为什么黑泽明能够被世人所认可、所喜爱呢？

　　秘诀就隐藏在他对电影的态度中。对于自己想做的事情，他总是会坚持做到令自己满意为止。这本是很好的做法，却在后来导致了他的大失败。

追求完美

"**世界**的黑泽",竟曾陷入无法再拍电影的境地!

黑泽明的风格,就是尽心尽力地把一部作品拍到最完美。

他非常追求完美,哪怕只是走路的场景,只要有一点跟自己的构想不一样,他也会一直重拍。拍摄骑马的场景时,为了使马的状态更加理想,他会提前好几个月对马进行训练。为了如实呈现贫穷农民的着装,他会把做好的衣服埋到土里,过一段时间再挖出来,用刷子反复刷,然后让工作人员穿着一段时间,以营造出破旧的效果。他就是这样一个对任何细节都坚持追求完美的人。

当然,他的做法不仅会耗费大量时间,还会花费很多钱。

即便如此,工作人员和演员也都非常理解他的坚持,并且愿意配合他。

问题在于,投资电影拍摄、为电影做宣传的电影公司都讨厌黑泽明。

因此,虽然黑泽明的作品在国外获得了很多奖项,但日本国内的所有电影公司都认为他的电影太浪费钱,从而拒绝与他合作。

虽然也有美国的电影公司邀请他拍电影,但黑泽明在美国的拍摄进行得并不顺利,最终该作品也没有完成。

"既然这样的话,干脆我自己来吧。"黑泽明自掏腰包,准备了拍摄电影的资金,但这部电影并不卖座,完全失败了……

身心疲惫的黑泽明,陷入了甚至想要结束自己生命的地步。

无法拍摄自己最喜欢的电影，甚至连生命都岌岌可危，在黑泽明最绝望的时候，有一个国家向他伸出了援助之手，那就是苏联。

黑泽明非常喜欢陀思妥耶夫斯基的作品，还曾拍过以陀思妥耶夫斯基的小说《白痴》为原型的同名电影，这部电影在苏联受到了很高的评价。

因此，苏联向他发出邀请，说愿意资助他拍摄电影，黑泽明终于得以再次担任导演。

这次拍摄出的作品是《德尔苏·乌扎拉》。这部作品再次受到一致好评，获得了无数奖项。

在那之后，黑泽明又得到了很多认同电影是一门艺术的国家的资助。直到 88 岁去世为止，他一直在从事自己最爱的导演工作。

因为在拍摄作品时过于追求完美而花费了太多金钱，被日本的电影公司所讨厌的黑泽明，拯救他的并不是其他东西，正是他一直以来坚持追求完美而创作出的好作品。

作品是不会骗人的！尽全力创作出的作品，就算一开始遭遇失败，在将来也一定会为自己带来很大的成功。

追求完美

黑泽明曾这样说过："如果身边都是劣质的东西，那么人的鉴赏能力就会下降。那样是无法培养出任何才能的。"

劣质是指没有内涵、没有价值的东西。那些看着劣质作品长大的人，就算原本很有才华，也无法创作出好作品。

所以，黑泽明不光是为了自己，还是为了未来的电影界，而坚持不懈地创作优秀作品的。

大家也请尽量多看一些被称为名作的作品吧。这不仅会对创作有所帮助，对其他工作也会产生积极的影响。

名作中蕴含着创作者的灵魂。多接触这样的作品，当你感到必须要做点什么时，先前看过的那些名作，便能让你的灵魂燃烧起来，成为你灵感的来源。

如果想要从事让自己发自内心喜欢，并被他人认可的工作，就要有这种让自己的灵魂燃烧起来的感觉。

也许你现在还不懂这句话的意思，但将来你一定会懂，所以请把它记在内心的某个角落吧。

20

辜负父母的期待

【人物】达尔文（1809~1882年）

【出生地】英国 【他是做什么的？】自然科学家

我是查尔斯·罗伯特·达尔文，我正在自由地进行着生物学研究。

我回想起了自己乘坐小猎犬号的航海经历。我以做船长的聊天对象为条件，搭上了这艘船，大约5年的时间里，我在英国与非洲和南美洲之间来回，对很多生物进行了观察。

我画了许多素描，制作了大量的标本……这个世界上竟然充满了我没有见过的不可思议的生物！

尤其是途中经过的科隆群岛，让我备受震撼，这里不仅有在其他地方从未见过的动植物，甚至同种类的鸟在不同的小岛上，喙的形状也会有所不同。为什么明明是同种类的鸟，却有着不同的特征呢？

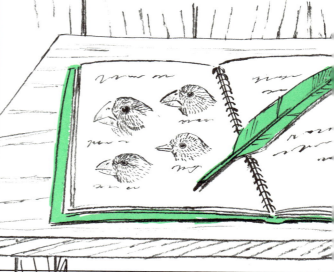

目前被广泛认可的进化

　　"所有的生物都是神创造的，所以生物不会进化。"在很长一段时间里，人们都坚信这一观点。现在，人们终于开始相信，生物是进化而来的。

　　然而，现在人们相信的进化是正确的吗？已经存在的生物，可以通过进化获得一些新的能力，这就是现在人们相信的进化。按照这种说法，200年后是不是会出现传说中的怪兽呢？

　　以我常年旅行的经验来看，这种观点是不对的。

　　关于进化，我认真地思考了一下。

上面的这幅树状图，就是我所认为的进化。

就算是同种类的生物，也会有细微的差别。我们人类也是一样，人与人的长相和体型不可能完全一样，我们把这称为"特征"。对动物来说，如果没有适应环境的特征，就会死亡。

只有适应环境的个体才能存活下来，而它们的后代会遗传这些适应环境的特征，接着还是只有适应环境的个体才能存活……如此循环下去，在一段时间后，就算是同种类的生物，也会因生存环境的不同，而变得有很大差异。

比如，在科隆群岛，因为每个岛上的食物不同，所以即使是同种类的鸟，在不同的岛上，喙的形状也都有所不同。我想，再过一段时间，它们身体的其他部分也会出现一些差异，最终变成完全不同的鸟吧。

也就是说，进化是指生物偶然出现的特征被环境所选择，而带来的变化。

我把这一观点整理成了《物种起源》一书。研究生物的学科被称为"生物学"，人们说这本书就是生物学的开端。

我被后世称为伟人，也许就是因为这本书导致了生物学本身的进化吧。

咦，你说不想再听这么复杂的事情了，想听听我的失败？嗯，我好像也没有遭遇什么太大的失败……

【钱】

　　成为研究者后，他用拿到的钱灵活地投资，赚到了更多的钱。

【家庭】

　　与青梅竹马的女孩结婚，生了 10 个孩子。他非常疼爱自己的孩子。

既不学习，也不工作，不是在房间里写东西，就是去打猎。这孩子怎么办啊？

【代表作】

　　《物种起源》《蚯蚓研究》《藤壶研究》等。

实际上，解开了生物进化之谜的伟大的研究者达尔文，没有做过任何工作。

既不工作，也不为工作而努力，靠父母养活的人，在如今被称为"啃老族"。

没错，达尔文就是一个"啃老族"。想要生存的话，就需要钱，达尔文是怎样获得钱的呢？那就是向父母要。

达尔文家是有名的医生世家，非常有钱，所以达尔文一直靠向父母要来的钱生活。

但作为父母，一定不愿意只是给他钱。

父母希望他成为医生，继承家业，于是把他送去了医学校，但他说自己并不想当医生。

父母又劝他去教会做牧师，并把他送到了另一所学校，但他依然没有好好学习，只是沉迷于捕捉昆虫和打猎。

终于，达尔文毕业了。本以为他会认真工作，结果没想到，他竟然搭乘船只，踏上了旅途。

他与父母约定，旅行回来后就去做牧师。哪知道，他回来后不但没有遵守约定，反而更加醉心于昆虫和动物的研究了。

在这期间，达尔文全仰赖父母的钱过活。

没想到吧，现在被人当作伟人尊敬的达尔文，实际上是一个不断辜负父母的期待、靠父母养活的"啃老族"。

话虽如此，但达尔文旅行归来后确实改变了。

在旅途中，达尔文把自己的见闻写成书信，寄给了朋友亨斯洛。亨斯洛也是一名研究者，他迫不及待地把信件的内容告诉了其他研究者。所以，当达尔文旅行归来的时候，他发现自己在科学界已经小有名气了。

自此以后，达尔文走上了科学研究的道路。达尔文的父母也非常支持他，甚至在家附近为他建造了研究所。

其实，父母对孩子的期望只有一个，那就是希望孩子过得幸福。

达尔文的父母希望他成为医生或牧师，并不是想要他听话，而是认为这样可以让达尔文过得幸福。

达尔文虽然没有听从父母的建议，但他靠自己的力量成为一名研究者，直到去世都在进行着自己最喜欢的研究，他的人生一定是很幸福的！

达尔文的父母也一样，看到孩子这样幸福，应该也会发自内心地感到满足。

这样看来，达尔文其实很好地回应了父母的期待。

但是，如果想要像达尔文一样，把喜欢的事情作为工作，并从中收获幸福的话，仅仅是一般程度的喜欢可不行哟！

在旁人看来，那些做着自己喜欢的工作，并取得了成功的人，都付出了让人难以置信的努力。但其实，这些人并不认为自己辛苦，反而觉得这些付出是理所当然的，并继续努力着。

如果对一件事可以喜欢到这种程度的话，那么就有可能找到属于自己的幸福之路。

严重的失败

【人类的失败，真是太微不足道了！】

恐龙的失败

【因体型太大而灭绝】

啊，好冷啊……要死了……

在很久很久以前，有一颗巨大的陨石撞击了地球，扬起的沙尘和灰烬布满了天空，挡住了阳光。地球的气温逐渐下降，体型小的动物可以躲在树叶下、土中，或是把身体缩成一团，来抵御寒冷。可是，恐龙的体型太大，根本找不到能躲藏的地方。而且，在寒冷的地球上，植物几乎停止了生长，它们也找不到充足的食物。就这样，恐龙灭绝了。

因为体型庞大而被称为"地球主宰者"的恐龙，导致它们灭绝的原因，也正是它们巨大的体型。

地球的失败

【创造出了自己的天敌】

食草动物吃植物，食肉动物吃食草动物，食肉动物死后会成为植物的养分。这种生命的循环方式被称为"食物链"。但也有生物完全跳出了这个循环，那就是我们人类。

对于昆虫来说，鸟类就是它们的天敌，但人类没有天敌，只是一味地吃其他生物。这样的人类可以说是扰乱了大自然规律的存在。

不仅是这样，人类为了使生活更加便利，甚至会改变山川和河流的形状。人类建造的工厂所排放出的烟雾遮住了阳光，人类发明的杀人武器也伤害了大地。

再这样下去的话，人类会毁灭地球吗？如果是这样的话，那么地球最大的失败，也许就是创造出了人类这一"天敌"。

宇宙的失败

[不被任何人了解]

唉，宇宙的秘密太深奥了……

你觉得以我们现在的科学，能了解宇宙的多少秘密呢？

也许你会大吃一惊，因为我们现在几乎没有弄清任何事情。

我们明白的仅仅是宇宙非常浩瀚，还有很多很多未解之谜这件事。

作为宇宙居民的地球人，花了数十年、数百年进行研究，但依然无法理解宇宙的秘密。

这份神秘却征服了很多人，因此有众多学者在继续进行着对宇宙的研究。

没有人了解我……

　　但如果站在相反的立场上来看的话，会是怎样的情况呢？如果宇宙也像人类一样有感情呢？

　　拥有庞大的身躯，却没有任何人了解自己，没有比这更孤独的事情了吧？也许宇宙正在某个地方孤独地哭泣，默默地希望有人可以了解自己吧？

　　但宇宙还是太浩瀚了。当你因失败而感到沮丧时，就想一想偌大的宇宙吧。你会发现，自己的烦恼在宇宙面前简直不值一提，这样也许会让你变得释然一些。

21

小看对手

【人物】麦克阿瑟（1880-1964 年）

【出生地】美国 【他是做什么的？】军人

1945年 8 月 15 日。

这一天的广播有很多听众。日本天皇发表了战争结束的公告，而且宣布日本战败了。

日本在战争中失败了。虽然在这之前日本国民已经隐隐约约地感觉到了，但在这一天，它成为事实。

在同年的 8 月 30 日，有位叼着烟斗的美国人来到了日本，他的名字是道格拉斯·麦克阿瑟，他是为了接管战败的日本而来的。

"今后日本会变成什么样呢？"

"会成为美国的一部分吗？"

"战胜国会不会瓜分日本？"

在日本国民的不安中，麦克阿瑟开始管理日本了。

结果，日本还是那个日本。

　　麦克阿瑟修改了宪法，解散了军队，把土地分给了农民，并制定了日本国民可以平等地选举政治家的法案。

　　很多日本国民都很感激他所做的这些事。

　　麦克阿瑟收到了很多日本人寄来的信，数量甚至多达50万封。他非常珍惜这些信件，一直保存着。其中，有很多人感谢他拯救了日本。

　　麦克阿瑟作为使战后满目疮痍的日本得到复苏的日本国民的"恩人"，在日本国民眼中是英雄一般的存在。

　　但是，这种感激之情并没有持续很长时间。

那是发生在麦克阿瑟结束了在日本的工作，回到美国后的事情。

在美国国会上，当麦克阿瑟被问到对与日本一样在战争中战败了的德国有什么看法时，他是这样发言的：

"德国是大人。如果说我们美国在科学、艺术、宗教、文化等方面已经45岁了的话，那么德国也是一样。日本虽然历史悠久，却有很多不教他们，他们就不懂的事情。如果我们是45岁的话，那么日本也就是12岁的小孩吧。"

他的发言传到日本，使日本国民受到了很大的打击。

"原来麦克阿瑟并不是喜欢日本，而是把我们当成小孩，看不起我们。"

在知道这个发言之前，日本人还非常爱戴麦克阿瑟，甚至正在计划建造麦克阿瑟纪念馆。但由于这样失败的发言，他的人气一下子跌到了谷底。

也有人说，其实，麦克阿瑟并不是想说日本的坏话，而是想在觉得日本不好的美国人面前维护日本，所以才说日本像个孩子。

虽不知道真相，但他也许并没有恶意。

可不管怎么说，他在日本确实不再受欢迎了。

　　麦克阿瑟评价日本的文化只是小孩的程度。这一言论在某种程度上也是可以理解的。

　　欧洲和美国的文化是西方文化，日本接触西方文化是自明治时代开始的。

　　也就是说，当麦克阿瑟来到日本时，西方文化刚刚传入日本不久，还不到 100 年。对西方文化还不熟稔的日本，在西方人眼里，也许的确是像孩子一样吧？但这也证明，麦克阿瑟看到的仅仅是"日本的西方文化"这一面。

　　日本有自己的文化。这种文化已经传承了 2000 年以上，已经深入每个日本人的生活中。所以，如果用麦克阿瑟的思考方式来看，建国不到 200 年的美国，在文化上才像小孩子一样吧？

　　不论哪个国家，都有其独有的珍贵的文化。没有意识到这一点的麦克阿瑟，失去了日本人的信任，也不再是大家心中的英雄了。

　　不过，麦克阿瑟在那之后一直生活在美国，可能也没有觉得这一失败有多严重吧。

在战争结束 70 多年后的今天，我们可以从这一失败中学到很重要的东西。

如今，每个人都可以很容易地到国外去，大家也许还交到了外国朋友。就算现在没有，以后也可能会交到外国朋友。

与外国朋友接触的时候，一定要记住一点，那就是理解和尊重对方国家的文化。

为什么麦克阿瑟会被日本人讨厌呢？那是因为他瞧不起日本的文化。

瞧不起某个国家的文化，就相当于瞧不起某个国家。

喜爱自己国家的心情被称作爱国情怀，每个人都多多少少有一些爱国情怀。自己所爱的东西被瞧不起，相信每个人都会觉得不开心。

所以，为了不重蹈麦克阿瑟那样的覆辙，大家对每个国家的文化都保持尊敬的态度吧。不用去争哪种文化更厉害、更正确，因为每种文化都有它独特的魅力。理解这一点，会让你的人生更加快乐、更加充实。

22

被小看

【人物】华特·迪士尼（1901—1966年）
【出生地】美国 【他是做什么的？】动画制作人、电影导演

嗨，我是全世界最有名的老鼠！我有着大大的黑色的耳朵。没错，我就是那只老鼠。我不太方便在这里露脸，但你之前肯定见过我。

创造了我，并让我成为全世界最有名的老鼠的人，叫作华特·迪士尼。

1928年，迪士尼先生26岁时，我诞生了。当时的我作为世界上第一部能够发出声音的动画片的主角，引起了巨大轰动。

什么？你说动画片有声音是理所应当的？其实，并不是这样哟！以前的电影和动画，都是没有声音的，就算有声音，也是配合着影像播放的录音。但是，在我主演的这部动画片中，声音被做成数据

插入了动画里。它是世界上第一部有声动画作品，很厉害吧！

迪士尼为了创造我花费了很多心血，制造可以发声的影片也花了很多钱。所以，尽管我大受欢迎，但迪士尼并没有赚到多少钱。

他是这样想的："只要能创作出好的作品，办法总是会有的。"

所以，在这之后，迪士尼也一直在努力创作更多优秀的作品。

1932 年上映的《花与树》，是世界上第一部彩色动画片；1937 年的《白雪公主》，时长达 1 小时 30 分钟，是世界上第一部长动画片。

动画片一秒最少也需要 24 张图，一分钟就是 1440 张图，10 分钟就要 14400 张图。这些图都要一张一张地画出来，光是想象一下，就觉得快昏倒了呀！

但是，迪士尼成功地鼓舞了员工的士气，自己投资制作了《白雪公主》，这样优秀的作品当然也取得了巨大的成功。

想要创作出好东西，就得花费时间和金钱。日本的电影导演黑泽明是这样，迪士尼也是这样。

但迪士尼遭遇了更大的困难。那是在我被创作出来前不久的事情。

被小看

其实，在创作出那只大耳朵老鼠之前，迪士尼也创作了其他有人气的动画角色，那就是他在 1927 年创作的《幸运兔奥斯瓦尔德》中的兔子。

当时动画片的制作方法是，首先由像迪士尼公司这样的制作公司来制作，然后把做好的成品卖给发行公司，发行公司再把它卖给电影院，之后大家才能看到。

迪士尼的失败，是由把《幸运兔奥斯瓦尔德》卖给发行公司时，双方所签订的合同导致的。

"这部动画的版权，包括动画中出现的角色在内，全部属于发行公司。"

基于这份合同，迪士尼不能制作任何奥斯瓦尔德的周边产品，也不能使用奥斯瓦尔德这一角色制作新的动画，卖给其他发行公司。

明明奥斯瓦尔德是自己创作的角色啊……

迪士尼请求发行公司，至少下一部作品得给出稍微高一点的价格。

但是，发行公司不但没有答应他的请求，反而给出了更低的价格。

为什么会这样呢？因为在创作奥斯瓦尔德时，迪士尼是年仅 25 岁的年轻人，也没有什么钱。这样的迪士尼完全被发行公司小看了，因此他们才会签订了仅仅对发行公司有利的合约。

嗨，好久不见了，又是我，大耳朵老鼠。

迪士尼先生经历了这次惨痛的教训后，对和他一起经营公司的哥哥说："笑到最后的，还会是我们。"

他与之前的那家发行公司彻底断绝了关系，开始使用新的角色创作新的动画片，并与新的发行公司签订了合同。当然，这次他在合同里明确规定："以后使用这一角色创作电影的权利，全都归属于迪士尼。"

就这样，我诞生了。

你明白我不能在这里露脸的原因

了吧？因为我的使用权都归属于迪士尼，所以我不可以随便露脸。

在那之后，迪士尼先生也一直在创作非常优秀的作品。他不断积累财富，到1953年，终于成立了自己的发行公司。从此以后就超厉害了！

被小看

赚了很多钱的迪士尼，在 1955 年实现了自己一直以来的梦想——建造一个无论是孩子还是大人都可以乐在其中的游乐场。

你知道了吧？那就是迪士尼乐园。大家一定知道，我也在这个乐园中活跃着吧？从那时候起，我们不再是只出现在屏幕里的角色，还成了可以跳出屏幕与大家面对面的角色。

工作并不是一件简单的事，还会遇到很多不开心的事情。而且在一开始，谁都可能会遇到被小看的情况，甚至会像迪士尼这样，被他人抢走自己的功绩。

在这种时候，重要的是想着"我还会做到更好"然后继续努力。迪士尼也是因为兔子的角色被夺走，才创造出了我。

无论什么工作，抓住人心的人，总会笑到最后。

迪士尼一生都在进行电影创作，一直在思考什么样的东西才能让人感到快乐。无论多么贫困，就算遭遇失败，他也从没有在自己的作品上懈怠过。

如果你想知道迪士尼可以让人有多快乐，那么很简单，来见我一面吧！那样你就会看到来到这里的客人的笑容。这些笑容就是迪士尼最重视的东西，也是他穷极一生，想要得到的东西。

23

各种各样的失败

【人物】哈兰·山德士（1890-1980 年）

【出生地】美国　【他是做什么的？】肯德基创始人

哈兰·山德士，几乎每个人都知道他。什么？你说不知道？就算不知道名字，看到这个形象，你也一定会认出来。

　　没错，这个站在店门口亲切地微笑着的人，就是在世界各地都有分店的肯德基的创始人——哈兰·山德士。

　　哈兰创立肯德基时已经 65 岁了。也许你会想，创立了如此风靡全球的餐饮店的人，在那之前肯定也度过了非常精彩的人生吧。但其实，他的人生充满了"哎呀"……

哈兰第一次工作是在他 10 岁左右。当时的他想要帮家里的忙，于是开始做伐木工。但哈兰毕竟还是个小孩子，在伐木时看到动物的话，总是会去追赶玩耍。结果，仅仅一个月，他就被辞退了。哈兰非常失落，他决定下次一定要好好工作。

【哎呀——】

在那之后，他开始认真工作，并开始上学。在那个年代，像哈兰一样边工作边上学的孩子非常多。哈兰工作非常认真，但他在学校的学习进展得并不顺利，不知道是不是因为老师的教学方法不太好，哈兰常常无法理解授课的内容。因此，他 13 岁就辍学了。

【哎呀——】

哎呀——

不用再来了！

唉……

在那之后，他又换了很多工作，终于在 16 岁时进了铁道公司。无论做任何事都非常努力的他，开始在工作中崭露头角。然而，正义感非常强的哈兰，在看到公司拒绝给在工作中受伤的同事赔偿时，挺身而出，向公司提出抗议。他虽然成功地帮同事争取到了赔偿金，但也因此被公司的高层讨厌，最终被开除了。

哎呀——

你这家伙！！

其实，他还学过法律，22 岁时做了律师。在一次法庭辩护中，他与辩护人起了争执，被对方打了。有仇必报的哈兰拿起椅子向对方扔去，但这种行为是不被允许的，因为律师只能用法律来战斗，而不能诉诸武力。因此，他也无法再担任律师了。

26岁时，哈兰开始做销售员。他拥有天才般的销售才能，很快就成为销售额最高的销售员。31岁时，他用自己的钱成立了出售灯具的公司。但是，因为更新的灯具被开发出来，哈兰的公司很快便破产了，34岁的他再次一文不名。

没有钱的哈兰再次做起了销售员，但他突然遭遇车祸，不得不休息半年。当他痊愈后，开始再次寻找工作的时候，有人问他："要不要来加油站工作？"

于是，哈兰在37岁时开始担任加油站的店长。因为他工作热情非常高，加油站的营业额也稳步增长。但是……

【哎呀——】

这次到来的，是石油危机。

因石油危机而导致经济下滑，大家几乎赚不到什么钱，然而哈兰的正义感很强，对没有钱的人，他会让他们先赊账，但是在这样的环境下，赊的账很难收回，于是哈兰再次失去了工作。

【哎呀——】

这边都没有好吃的餐馆啊……

但很快有人再次请他到加油站工作，于是他来到了肯德基州。

这个加油站在一条大路旁，来往的车辆很多，大家对哈兰的服务非常满意。

但是客人有一点不满，那就是在这附近没有美味的餐馆。于是，哈兰灵光一闪。

【哎呀——】

哈兰在加油站里找到了一块可以作为餐馆的地方，开始出售自己的料理，结果大受欢迎。其实，他也很擅长做饭，在他做的料理中，最受欢迎的就是炸鸡，它的美味吸引了很多人来品尝。哈兰又开了新的加油站，并在附近建了饭店，也都取得了成功，他终于摆脱了满是"哎呀"的生活。

【哎呀——】

然而，1956年，当哈兰65岁的时候，他的所有产业都破产了。因为加油站附近修建了高速公路，大家都使用高速公路，不再经过加油站了。就这样，哈兰再次失去了一切，留下来的只有炸鸡的做法。但从这时开始，哈兰才真正大放光彩。

哈兰有了这样的想法：把我的炸鸡放在其他店里出售，不是也可以吗？

其实，在加油站破产的 4 年前，哈兰就曾把自己的炸鸡放在一个饭店出售，非常受欢迎。

于是，哈兰把以前加油站的地点作为炸鸡的名字，开始着手准备出售肯德基炸鸡。

65 岁的哈兰把制作炸鸡所需要的用具放在车中，在辽阔的美国境内四处奔走，寻找可以合作出售炸鸡的店。因为没有钱，他晚上就睡在车里。

一开始并不顺利，听说他被拒绝的次数多达 1500 次。但其中，也有善良的接受了他的提议的人，有很多顾客开始专门为了购买肯德基炸鸡而光顾这些店。

情况开始有所好转。在哈兰开始出售肯德基炸鸡的两年后，打给哈兰的电话络绎不绝："也请把肯德基放在我的店里卖吧！"

就这样，哈兰的炸鸡，不仅在美国大受欢迎，也渐渐地传到了世界各地。

这就是哈兰的一生。与他人相比，哈兰经历了更多大起大落。他的经历告诉我们，无论在什么时候，无论经历多少次失败，都可以重新开始。

当然，这并不是一件简单的事情。你得拥有自己独一无二的武器。哈兰的武器就是商业技巧，但他一开始也并没有这一武器，而是在无数次的失败中渐渐学会的。

　　无论什么事情都要认真去做。即使是看起来没有意义的事情，也要认真对待，这样一定会学到一些东西。

　　学会了很多东西，变得更加强大的自己，就是可以帮助自己从失败中重新振作起来的最强大的武器。而只有现在的自己，才能创造出这样强大的自己。

　　像哈兰一样，无论对待任何事都乐观地、积极地、认真地去做，那么就一定会成为能够跨越任何失败的人。

24

太过爱你

【人物】爸爸·妈妈

【出生地】各种各样的地方

【他们是做什么的？】给予你生命，并抚养你长大

最后要介绍的伟人，就是你的爸爸妈妈。

"什么，爸爸妈妈也是伟人吗？"也许你会这样质疑吧。爸爸妈妈给予了我们生命，并抚养我们健康长大，仅仅是这些，就已经是很伟大的事情了。

"可是，生养孩子不是理所当然的事情吗？"

太过爱你

如果你这样想的话，那就大错特错了。"大家都这样，所以是理所当然的事情！"如果你有这样的想法，那么一定要赶快纠正它。

把刚刚出生的小宝宝养育成你现在的样子，需要经历多少困

难呢？请通过这几页的画来感受一下吧。

小孩子在一开始是不会像常人一样生活的，正因为有了爸爸妈妈的辛苦付出，才能慢慢获得像常人一样生活的能力。

但是，正因为如此，父母也不是在任何时候都能保持完美的。偶尔也会有这样那样的失败。

爸爸妈妈 都是爱你的，但正因为爱你，有时他们会迷失自己。

正如左边的图画所画的那样，有时他们会变得非常生气。

你一定也曾遇到过像这样被爸爸妈妈训斥的情况吧？如果他们说得很重，也许你会想："他们一定是讨厌我了！""如果我没有被生出来就好了！"从而陷入悲伤的情绪。

其实，爸爸妈妈是爱你的。

为什么爱你还会这样生气呢？理由很简单，是因为担心你。因为担心你的未来，所以才会生气。

大人比小孩经历的事情更多，正因为有着丰富的经历，所以也知道更多的事情。

如果是不爱学习，不爱打扫，只是一味抱怨的小孩，在长大后会过得很辛苦。正因为知道这些事，所以他们才会忍不住着急生气。

所以，爸爸妈妈认为，自己是为了孩子好，才教育孩子的，但孩子却常常不领情。于是，他们渐渐失去了耐心，甚至会说出一些让你伤心的话。

但你可能不知道，父母对你发火后是会反省的。"我是不是说得太过了……""我是孩子的时候也做不到啊！"他们会这样想着，陷入消沉。

当然也会有像左边图画这样的夜晚。

被训斥的话，你会感到很难过；训斥你的话，父母也会感到很难过。那么，不这样不就好了吗？但人常常做不到。

人类的特点就是，虽然知道是不对的事情，但还是会不经意去做。了解了前面所提到的很多伟人的失败，相信你一定会明白了吧？人总是会不断失败，也有很多伟人在重复着相同的失败，人并不是完美的生物。

但是，这样就好。

我们自己会失败，朋友会失败，爸爸妈妈也会失败，让爸爸妈妈太过生气的失败，也许以后你也会遇到，请做好心理准备。但任何人都不会从早到晚都在生气。

最重要的是开心相处的时光。

也就是一起吃饭的时光，一起看电视的时光，谈论今天遇到了什么事情的时光，一起洗澡、一起外出、一起在公园玩耍的时光。

正因有这样开心的时光，所以那些因被训斥了而感到的悲伤，就请你把它们消化在内心深处吧！

原谅彼此的失败、一起度过开心的时光、共同成长，这才是家庭！这一点，在朋友之间也同样适用。

但如果别人是很认真地生气的话，就证明是有非常值得生气的事情，那么你也要仔细去想想爸爸妈妈所说的话。

后记

希望阅读了本书的读者，可以度过非常棒的"失败人生"。

对了对了，不要只读这本书，也要多读一读其他书呀。

尤其是描写伟人生平的书。

这样的书非常有趣，推荐大家多多阅读。

你读过的书，总会在人生中对你有所帮助。

阅读、挑战、失败，越挫越勇，这就是享受人生的秘诀。

什么？失败了也没关系吗？

你问我这是什么意思？这当然要大家自己去思考、去行动后才能知道呀。当你开始行动，周围的世界也会开始改变。请尽情体验这种乐趣吧！

图书在版编目（ＣＩＰ）数据

勇气之书 / (日) 大野正人著；赵天译. — 成都：
天地出版社, 2021.3
ISBN 978-7-5455-6141-8

Ⅰ. ①勇… Ⅱ. ①大… ②赵… Ⅲ. ①成功心理—儿
童读物 Ⅳ. ① B848.4-49

中国版本图书馆 CIP 数据核字 (2020) 第 219137 号

"SHIPPAI ZUKAN SUGOI HITO HODO DAMEDATTA!"by Masahito Ohno
Copyright©2018 Masahito Ohno
All Rights Reserved.
Original Japanese edition published by Bunkyosha Co., Ltd.
This Simplified Chinese Language Edition is published by arrangement with Bunkyosha Co., Ltd.
through East West Culture & Media Co., Ltd., Tokyo

著作权登记号 图字：21-2020-401

YONGQI ZHI SHU

勇气之书

出 品 人	杨　政		**装帧设计**	刘黎炜
总 策 划	陈　德　戴迪玲		**排版制作**	杨志芳
策划编辑	王加蕊		**营销编辑**	吴　咚　李倩雯
责任编辑	刘　璐		**责任印制**	刘　元　葛红梅

出版发行　天地出版社
　　　　　　（成都市槐树街 2 号 邮政编码：610014）
　　　　　　（北京市方庄芳群园 3 区 3 号 邮政编码：100078）
网　　址　http://www.tiandiph.com
电子邮箱　tianditg@163.com
经　　销　新华文轩出版传媒股份有限公司

印　　刷	北京博海升彩色印刷有限公司
版　　次	2021 年 3 月第 1 版
印　　次	2021 年 4 月第 2 次印刷
开　　本	787mm×1092mm 1/32
印　　张	5.75
字　　数	200 千字
定　　价	45.00 元
书　　号	ISBN 978-7-5455-6141-8